nat should
I do?

青少年如何避开
生活中的误区

成都地图出版社
CHENGDU CARTOGRAPHIC PUBLISHING HOUSE

图书在版编目（CIP）数据

青少年如何避开生活中的误区/田小红编.—成都：成都地图出版社，2013.4（2021.4重印）

（怎么办）

ISBN 978-7-80704-707-0

Ⅰ.①青… Ⅱ.①田… Ⅲ.①生活-知识-青年读物②生活-知识-少年读物 Ⅳ.①TS976.3-49

中国版本图书馆 CIP 数据核字（2013）第 076185 号

怎么办——青少年如何避开生活中的误区

ZENMEBAN—QINGSHAONIAN RUHE BIKAI SHENGHUO ZHONG DE WUQU

责任编辑： 向贵香

封面设计： 童婴文化

出版发行： 成都地图出版社

地　　址： 成都市龙泉驿区建设路 2 号

邮政编码： 610100

电　　话： 028-84884826（营销部）

传　　真： 028-84884820

印　　刷： 三河市人民印务有限公司

（如发现印装质量问题，影响阅读，请与印刷厂商联系调换）

开　　本： 710mm×1000mm　1/16

印　　张： 13　　　　　　　**字　　数：** 190 千字

版　　次： 2013 年 4 月第 1 版　　**印　　次：** 2021 年 4 月第 8 次印刷

书　　号： ISBN 978-7-80704-707-0

定　　价： 38.80 元

前　言

　　青少年是祖国的未来，民族的希望。良好的日常生活习惯与正确的认识，对于青少年的身心发育和学业长进都有极为重要的作用。

　　现在的青少年中独生子女居多，大多生活在父母的娇惯宠爱之中，很多事情都由父母代劳，独立意识薄弱，依赖性强，不能很好地进行自我心理调节，由此陷入了一些误区，引发了很多问题。

　　随着生活水平的提高，生活节奏的加快，生活方式的变化，很多青少年在日常饮食上陷入误区，如"大鱼大肉""胡吃海喝"、只挑喜欢的食物吃、把方便面当早餐、喝浓茶提神、大吃甜食等，如不及时纠正必定会影响青少年的生长发育与身体健康。

　　青少年正处于学业长进的重要时期，学习上任务重、压力大，由此形成了一些错误的认识和不良习惯，比如认为学习时间越长学得越多、一味追求高分而忽视能力培养、不重视学习方法、边吃饭边学习、迷信参考书、急于求成、忽视全面均衡发展，等等。如果不加以纠正，势必会影响学习效果。

　　青少年处于身体发育的关键时期，必须重视科学的卫生保健。由于卫生知识的缺乏，有些青少年会把内衣内裤放在一起洗，与他人"分享"生活用品等。由于受到一些负面影响，加上追求"个性"、标新立异等强烈的"个人意识"，有些青少年节食"减肥"，吃减肥药，穿紧身衣，把头发染成五颜六色，甚至沾染了抽烟、饮酒等不良的习气，自以为"时尚"，其实恰

1

恰是陷入了误区。若不及时走出误区，会影响生长发育、身体健康，甚至引发疾病。

运动有利于青少年的身心发育，然而有些青少年在运动方面存在误区，比如运动后立刻喝水，跑步后立即休息，认为运动流汗越多越好，等等。这样不仅不能达到运动健身的目的，还可能对身体造成伤害。

青少年具有独特的心理状况，形成阳光心理对青少年的成长具有重要意义。然而，由于父母的事事包办与过分宠溺，部分青少年存在过于争强好胜、妒忌心强、一切以自我为中心等不良心理。由于家庭和社会的影响，有的青少年存在自卑、吝啬、沉迷网络、早恋等心理误区。

本书以帮助青少年正确认识自我，完善自我，走出日常生活中的误区为宗旨，从生活、学习、运动、卫生保健、心理等角度，进行了实事求是的分析，共列举了青少年生活中没有注意到的或明知故犯的 101 个误区，同时提出了具有针对性的建议。全书文笔轻松，条理清晰，知识性与趣味性兼具，对于青少年来说，具有很强的实用性。

目 录

1

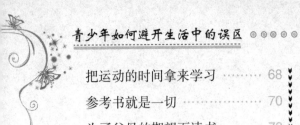

生活篇
SHENGHUO PIAN

学习累了来杯浓茶

茶是我国传统的保健饮料，对人体健康有众多好处，但就像吃食物要了解食物的性味一样，喝茶也要了解茶性。饮茶如果不注意方法，也会伤害健康。特别是现在很多青少年学习压力大、时间紧张，往往夜晚加班加点，累了、困了不休息，靠浓茶解乏。

我们知道饮茶有益于健康，但并不意味着饮得越多越浓就越好。恰恰相反，常饮浓茶害处很多，既浪费茶叶又有损于身体健康。常饮浓茶的主要害处在于：①浓茶中的含氟量偏高，长期饮过浓的茶，反而易引起龋齿，同时还会使牙齿表面沾上一层釉黑色。②由于浓茶中的咖啡碱含量相对较多，如常饮浓茶，咖啡碱大量积累可对整个中枢神经系统产生强烈的兴奋作用，使大脑处于过度兴奋状态，尤其是晚上饮浓茶往往会严重影响睡眠。③经常饮浓茶，人体摄入过多的咖啡碱，还会促使身体分泌胰岛素，从而可能出现低血糖。④常饮浓茶易伤骨。这是因为浓

茶中的咖啡碱含量较多，而咖啡碱既可抑制十二指肠对钙的吸收，又可加速尿中钙的排出。由于抑制吸收和加速排泄这双重作用，导致体内缺钙，易诱发骨中钙质流失，天长日久，便会出现骨质疏松症，容易发生骨折。⑤常饮浓茶，由于咖啡碱的刺激作用会促使心跳过快，血流加速，呼吸加快，易导致心律不齐或心动过速。⑥饮浓茶可促使胃酸分泌过多。因为茶中的生物碱可降低能够抑制胃壁细胞分泌胃酸的磷酸二酯酶的活性，使胃壁细胞分泌出大量胃酸，久而久之易形成胃、肠溃疡或使已有的溃疡面难以愈合。⑦常饮浓茶可能会引起便秘。茶叶中的茶多酚对肠胃黏膜具有较强的收敛性，浓茶中的茶多酚含量高，收敛性就更强，会减缓胃的收缩和肠道的蠕动，因而影响到食物的消化和吸收，易引起大便干结甚至便秘。⑧过量饮浓茶还可使不常饮茶或空腹饮茶的人出现"茶醉"现象，即饮茶后感到心悸、乏力、烦躁、头晕、眼花，甚至站立不稳、步履蹒跚。

对于青少年而言，饮浓茶可以帮助他们缓解疲劳，让整个人的大脑都处于兴奋状态，这样短时间不会发困，但是他们疏忽了浓茶过量饮用会导致氟中毒，特别是晚上还可造成失眠。

人体摄入氟的安全值是每日 3～4.5 毫克，如果长期超量喝茶，会导致氟斑牙和氟骨症。预防氟中毒，要注意以下 3 点：每日饮茶最好不超过 5 克；少饮含氟高的砖茶；肾功能不好的病人不宜大量饮茶。

要想健康饮茶，还要注意"十二忌"：①忌空腹饮茶，茶入肺腑会冷脾胃。②忌饮烫茶，最好 56℃ 以下。③忌饮冷茶，冷茶寒滞、聚痰。④忌冲泡过久，防止氧化、受细菌污染。⑤忌冲泡次数多，茶中有害微量元素会在最后泡出。⑥忌饭前饮，茶水会冲淡胃酸。⑦忌饭后马上饮茶，浓茶中含有大量单宁酸，饭后喝浓茶，会使刚刚吃进的还没消化的蛋白质同单宁酸结合在一起形成沉淀物，影响蛋白质的吸收；茶叶中的物质还会妨碍铁元素的吸收，养成长期饭后喝浓茶的坏习惯，容易引发缺铁性贫血；此外，饭后马上喝茶，大量的水进入胃中，还会冲淡胃所分泌的消化液，从而影响胃对食物的消化工作。⑧忌用茶水服药，茶中鞣酸会影响药效。⑨忌饮隔夜茶，易伤脾胃。⑩忌酒后饮茶，酒后饮茶伤肾。⑪忌饮浓茶，咖啡因使人上瘾中毒。⑫不宜饮用的茶叶有：焦味茶、霉变茶、串味茶。

最后提醒青少年的是尽量减少熬夜的时间，众所周知熬夜会损害身体健康。人体肾上腺皮质激素和生长激素都是在夜间睡眠时才分泌的，前者在黎明前分泌，具有促进人体糖类代谢、保障肌肉发育的功能；后者在入睡后方才产生，既促进青少年的生长发育，也能延缓中老年人衰老。熬夜对个人的健康是一种慢性危害，尤其对那些间断性（不规律）晚睡的青少年而言，频繁打乱生物钟对健康的危害尤其严重。严重的会影响细胞正常代谢，使内分泌功能混乱、身体的抗病能力下降，从而导致各种疾病的发生。对于"熬夜族"来说，捍卫自身的健康可是生活中的头等大事。专家认为一天中睡眠最佳时间是晚上 10 时到凌晨 6 时。

不喝水，只喝饮料

近来，研究人员发现了青少年学生中的"果汁饮料综合征"，这些青少年学生每天从饮料和果汁中摄取的热量占总热量的 1/3。他们食欲不振，情绪不稳定，并常常有腹泻。研究人员指出，青少年最常饮用的饮料，每杯都含有 6~7 匙糖，过量饮用这类饮料会扰乱消化系统的正常工作，导致他们没有食欲，不能正常吃饭，身体发育也缺乏足够的脂肪和蛋白质。

近年来随着家庭生活水平的提高，像可乐、雪碧、醒目等碳酸饮料

已成为家庭餐桌上的必备品。无论是自己独处时，还是朋友聚会时，青少年非常喜欢饮用大量的碳酸饮料，饮料的独特味道就着餐桌上喷香的饭菜，对他们来说有不小的吸引力。但此时也出现一个令人担忧的问题：伴随着饮料的风靡，饮用水逐渐淡出了青少年的视野，打开冰箱拿出自己喜欢的饮料痛饮一番，似乎成了青少年每天放学回家要做的第一件事。赶上学校放学的时间，环顾四周，经常会发现学生们手里端着饮料；包里装着饮料，以备不时之需；各种各样的饮料已经在他们生活中占据了重要位置。

碳酸饮料，即我们俗称的汽水，基本成分是水、柠檬酸和小苏打。我们知道柠檬酸和小苏打作用后会产生二氧化碳，喝了之后会在胃中产生许多气体，随着部分气体呼出，人体会有一种清凉畅快的感觉，但同时，这些碳酸气也会与胃酸相结合，引起胃液失效。我们知道胃液的主要成分是盐酸、胃蛋白酶和黏液，是消化食物和保护胃黏膜不可缺少的物质。盐酸具杀菌作用；胃蛋白酶帮助消化食物中的蛋白质；黏液在胃内形成保护层，使各种食物不能直接接触胃壁黏膜。如果饮进太多碳酸饮料，就会使胃液被稀释，从而降低其杀菌能力，也会影响食欲。

其次，各种果汁、汽水或其他饮料中都含有较多的糖或糖精，以及大量的电解质。这些物质不能像白开水那样很快离开胃，如果长期作用，会对胃产生许多不良刺激，不仅直接影响消化和食欲，而且还会增加肾脏的负担，影响肾功能。过多的糖分摄入还会增加人体的热量，引起肥胖。因此，青少年从小养成的爱喝饮料的习惯，会对他们将来的身体健康造成损害。

科学家做过一项实验，把两只老鼠放置于同等环境下生存。一开始只给它们喂食不给水喝，等到两个小时以后再去给它们水喝，结果显示，采取这种措施以后的小鼠，其生长速度明显高于吃饭时喝大量水的小鼠。由此，科学家们总结出这样的结论：在吃饭前后的短时间内喝汽水是有害肠胃的。如果青少年想好好保护胃部，就不能在吃饭时喝太多的饮料。否则，一旦肠胃出了毛病，只能后悔当时不注意了。人的胃部是一个非常有限的空间，这里容不得你随便往里填充东西，即使是一日三餐，也只要七八成饱就足够了。因而在吃饭时，尽量不要饮用碳酸饮料。

我们知道吃饭时饮用碳酸饮料的诸多危害，就应该在日常生活中代之以白开水，这对人体健康大有好处。白开水有特异的生物活性，它比较容易透过细胞膜，促进新陈代谢，增加血液中血红蛋白含量，改善免疫功能，还可以预防咽喉炎和某些皮肤病，使人精神振奋，充满活力。对青少年来说，不仅要重视饮水，而且要科学地饮水。科学上提倡的"每天8杯水"，还可以有效地提高人体抵抗力，预防感冒，同时还要注意要定时定量，不要不渴不喝，渴急了猛喝一通。有些青少年，平时没有饮水习惯，而是在运动后，或天气过热、口干舌燥时才抱壶痛饮一番，把肚子灌得满满的才觉得痛快。这种饮水方法是有害的，容易在短时间内使血溶量剧增，增加心脏负担。因此，青少年在生活中要注意适当少喝饮料，多喝水，同时也要注意饮水的科学性，这样才有利于身体健康。

晨起喝水，没必要

健康的肌体必须保持水分的平衡，人在一天中应该保持着应有的充足水分。俗语说"一日之计在于晨"，清晨的第一杯水尤其显得重要。

清晨起床时是新的一天身体补充水分的关键时刻，此时喝300毫升的水最佳。因为人体在夜晚睡觉时，从尿、皮肤、呼吸中消耗了大量的水分，早晨起床后人体会处于一种生理性缺水的状态。一个晚上人体流失的水分约有450毫升，晨起喝水可以补充身体代谢失去的水分，还能

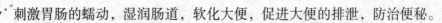

刺激胃肠的蠕动，湿润肠道，软化大便，促进大便的排泄，防治便秘。

人在早上起床后胃肠已经排空，这时候喝水可以洗涤清洁肠胃，冲淡胃酸，减轻胃的刺激，使胃肠保持最佳的状态。而起床后喝的水会很快被肠黏膜吸收进入血液，可有效地增加血溶量，稀释血液，降低血液稠度，促进血液循环，防止心脏血管疾病的发生，还能让人的大脑迅速恢复清醒状态。而在早上起床后为身体补水，让水分迅速输送至全身，有助于血液循环，还能帮助肌体排出体内毒素，滋润肌肤，让皮肤水灵灵的。

还有一个问题就是水的选择。清晨起床，有人习惯喝一杯白开水，有人习惯喝一杯淡盐水，还有人习惯喝一杯蜂蜜水，到底喝什么水最好呢？

白开水是天然状态的水经过多层净化处理后煮沸而来，水中的微生物已经在高温中被杀死，而开水中的钙、镁元素对身体健康是很有益的。有研究表明，含钙、镁等元素的硬水有预防心血管疾病的作用。早晨起床如饮些白开水，可很快使血液得到稀释，纠正夜间的高渗性脱水。而喝盐水则反而会加重了高渗性脱水，令人更加口干。

忌喝淡盐水。喝淡盐水并不利于身体健康，有研究认为，人在整夜睡眠中未饮滴水，然而呼吸、排汗、泌尿却仍在进行中，这些生理活动要消耗损失许多水分。何况，早晨是人体血压升高的第一个高峰，喝盐水会使血压更高。

白开水有清肠的作用；蜂蜜水有保护血管、通便、降压、消炎、促进创伤面愈合、改善肝脏功能及增强体质的作用。科学表明，相比较之下，清晨起来喝一杯蜂蜜水更为科学。人经过一夜的睡眠后，体内大部分水分已被排泄或吸收，这时空腹饮一杯蜂蜜水，既可补充水分，又可增加营养，完全可取代白开水的地位。

早上起来的第一杯水最好不要喝果汁、可乐、汽水、咖啡、牛奶等饮料。汽水和可乐等碳酸饮料中大都含有柠檬酸，在代谢中会加速钙的排泄，降低血液中钙的含量，长期饮用会导致缺钙。而另一些饮料有利尿作用，清晨饮用非但不能有效补充肌体缺少的水分，还会增加肌体对水的需求，反而造成体内缺水。有的人甚至喜欢早上起床以后喝冰箱里的冰水，觉得这样最提神。其实，早上喝这样的水是不合时宜的，因为此时胃肠都已排空，过冷或过烫的水都会刺激到肠胃，引起肠胃的不适。

清晨喝水必须是空腹喝，也就是在吃早餐之前喝水，否则就收不到促进血液循环、冲刷肠胃等效果。最好小口小口地喝水，因为饮水速度过猛对身体是非常不利的，可能引起血压降低和脑水肿，导致头痛、恶心、呕吐。

大量饮水迅速解渴

不渴的时候不喝水，渴了的时候拼命喝水，也许你感觉自己确实已经解渴了，但同时你的身体也发出了一个危险的信号：水中毒。

短时间内过量饮用水会导致人体盐分过度流失，一些水分会被吸收到组织细胞内，使细胞水肿。人体可能会出现头昏眼花、虚弱无力、心跳加快等症状，严重时甚至会出现痉挛、意识障碍和昏迷，即水中毒。

一位美国加利福尼亚州妇女在参加一项喝水比赛后死亡，医院分析后得出的结论是水中毒，这种结果令很多人吃惊：喝水也会把人喝死？据英国广播公司报道，这位叫詹妮弗·斯特兰格的参赛者在进行完比赛后曾表示自己头部剧烈疼痛，然后就回了家，不久有人发现她已经死亡。

通常情况下，人们喝进体内的水首先通过尿液和汗液排出体外，体内水的数量得到调节，使血液中的盐类等特定化学物质的水平达到平衡。

如果喝了太多的水，肾不能快速将过多的水分排出体外，血液就会被稀释，血液中的盐类浓度会降低。

血液中盐类的浓度如果比细胞中的浓度还低，水就会从稀释的血液中移向水较少的细胞和器官，而这将引起相应的器官膨胀，从而引发机体不适等严重后果。

从事相关研究的罗伯特·弗莱斯特教授给我们举了个例子。他说："如果你将盐水放到洋葱表皮上，它的细胞会因失水萎缩，如果将太多的水放在它上面，细胞就会吸水膨胀。"

弗莱斯特表示，这种膨胀会促使大脑出现问题，当脑细胞膨胀时，外面骨质的脑壳让胀大的体积无处可去。脑内的压力增加，这时你可能就会感到头痛。随着大脑的挤压，呼吸等重要的调节器官功能区域受到压迫。最后这些器官功能将被削弱，这时你可能就会停止呼吸，最终死亡。

那究竟该如何科学饮水呢？又该饮多少呢？

很多人对喝水的理解仅仅限于解渴，其实喝水也是一门学问，正确地喝水对健康非常重要。水是生命之源，人体一切的生命活动都离不开水。对于人体而言，水在身体内不但是"运送"各种营养物质的载体，而且还直接参与人体的新陈代谢，因此，保证充足的摄水量对人体生理功能的正常运转至关重要。

喝水多少因人而异。医学家称一般而言，人每天喝水的量至少要与体内的水分消耗量相平衡。人体一天所排出的尿量约有1500毫升，再加上从粪便、呼吸过程中或是从皮肤所蒸发的水，总共消耗水分大约是2500毫升，而人体每天能从食物中和体内新陈代谢中补充的水分只有1000毫升左右，因此正常人每天至少需要喝1500毫升水，大约8杯。

通常每个人需要喝多少水会根据活动量、环境，乃至天气而有所改变。正常人喝太多水对健康不会有太大影响，只是可能造成排尿量增多，引起生活上的不便。但是对于某些特殊人群，喝水量的多少必须特别注意，比如浮肿病人、心脏功能衰竭病人、肾衰竭病人都不宜喝水过多，因为喝水太多会加重心脏和肾脏负担，容易导致病情加剧。而对于中暑、膀胱炎、便秘和皮肤干燥等疾病患者，多喝水则可对缓解病情起到一定效果。此外，人在感冒发烧时也应多喝水，因为体温上升会使水分流失，多喝水能促使身体散热，帮助病人恢复健康。而怀孕期的妇女和运动量比较大的人水分消耗得多，也应多喝水。

至于喝水时间，依据专家的意见，切忌渴了再喝，应在两顿饭期间适量饮水，最好隔一个小时喝一杯。睡前少喝、醒后多喝也是正确饮水的原则，因为睡前喝太多的水，会造成眼皮浮肿，半夜也会老跑厕所，使睡眠质量不高。而经过一个晚上的睡眠，人体流失的水分约有450毫升，早上起来需要及时补充，因此早上起床后空腹喝杯水有益血液循环，也能促进大脑清醒，使这一天的思维更加清晰敏捷。

▐▐ 不爱吃的食物就不吃

调查研究显示，我国青少年厌食症患者中，仅有17%是因疾病引起的，而83%是因为饮食结构不合理、饮食习惯不良和喂养不当所致。我国小儿吃奶（特别是母乳）时，前4个月生长发育水平，和日本、欧美都差不多；但4个月后我国小儿生长发育曲线与国际参照曲线相比，走势开始下滑、偏低，一直延续到青春期。这都与我国青少年儿童饮食行为、习惯和喂养不当有关。

现在家庭以独生子女居多，父母、长辈们的宠爱，加之在很多方面迁就孩子，孩子想吃什么，想要什么，家长都会尽量满足。于是，日常

生活中，青少年对那些自己喜欢的食物大啃大嚼，而对那些自己不喜欢的食物就不屑一顾。他们甚至认为自己喜欢的食物里面所包含的营养，已经足够成长的需要了，没有必要再去吃其他的食品。长此以往，便会形成孩子的偏食、厌食心理。

人体需要几十种营养素，它们分布于各种食物中。现在世界上还没有任何一种食物含的营养能满足人体全面营养需要。如果长期只吃一种食物，就会很容易引起偏食、挑食现象，这对正处于发育期的青少年十分有害。长期只挑自己喜欢的食物吃，时间一久，这种单调的饮食习惯，就会让孩子对其他食物产生排斥心理，进而引起厌食症。长期偏食、挑食，见到喜欢的就多吃，不喜欢吃的就少吃，或者不吃。这样饱一顿，饥一顿，还会造成胃肠功能失调，影响营养素的消化和吸收，还有可能引发消化道溃疡病。长此以往，势必会造成体内某些营养缺乏，导致体内营养不平衡，引起各种营养缺乏性疾病。同时，由于进食的种类和食量过少，也会引起营养素的不足，不仅影响青少年和儿童生长发育，还会使其患营养素缺乏性疾病，如：佝偻病、贫血、反复呼吸道感染等，孩子常瘦弱矮小、体重低；少吃或不吃蔬菜者，还会经常腹痛和便秘。

国外的营养专家认为：合理而且丰富的饮食对一个人的健康大有裨益。只有通过摄入多种食物才能获得丰富的营养，只有均衡膳食才不会发生营养过剩或缺乏。均衡膳食应包括谷物、鱼、肉类、乳制品、豆类、蔬菜和水果等。而偏食、挑食就容易出现营养不良。其实，也只有吃多种食物才能真正享受到美味。所以，家长们一定要非常重视孩子的全面营养，不能让孩子出现偏食和挑食的现象，从小就培养孩子吃各种食物的习惯。

青少年正处于生长发育的关键时期，对饮食中的碳水化合物、脂肪、蛋白质、维生素、无机盐、纤维素和水这七大营养素的需求量很大，又需要互相平衡。某种营养素的过多或者过少，都会给你的身体造成危害。

因此，为了健康着想，建议青少年丰富一下自己的饮食结构，不管爱不爱吃，只要它有助于自己的生长发育，就尽量吃一些。只有合理而且足够丰富的饮食，才能使青少年的身体更强壮，更有利于学习和运动。

纠正孩子的偏食、厌食习惯，家长要身先士卒，不在孩子面前谈论某种食物不好，或者有什么特殊的味道之类的话。对孩子不太喜欢吃的食物，多讲讲它们的营养价值。古语云："饥不择食。"饥饿时对过去不太喜欢吃的食物也会觉得味道不错，时间长了，便会慢慢适应。所以平时要严格控制孩子吃零食，两餐之间的间隔最好保持在 3.5 ~ 4 小时，使胃肠道有一定的排空时间，这样就容易产生饥饿感。

青少年要及时把自己的"饮食心理"与父母交流，让父母帮助自己改正挑食、厌食的习惯。还可以和父母一起制定一个蔬菜水果营养目录，列出各种蔬果的营养价值和食用方法，将不同的食物搭配起来，同时经常变换三餐，合理全面地吸收营养。

多喝冷饮消消暑

想想父辈们生活的年代，那时候冰棍也许还是稀少之物，而今人们生活水平高了，消费能力也高了，各式各样的冰棍、饮料也进入了这个时代。难怪有人会说"这一代的孩子们是在糖罐儿里长大的"。的确，近年来，瓶装、罐装、纸盒装饮料十分流行，大多数人都喜欢将这些饮料冰冻后饮用。炎热的夏季，头顶着烈日，当你口干舌燥、百无聊赖之时，你是否会很自然地选择喝点冰镇的可乐或者冰水。然后你捧着这些饮品或立于街头，或坐于巷尾，尽兴品咂着冷饮带来的凉爽与惬意。你甚至认为盛夏消暑的最佳方法就是多饮冷饮和狂喝冰水，其实这是人们

观念上的误区。

冷饮真的能起到清热止渴消暑的作用吗？其实不然。冷饮只可以让你的喉头感到刹那的冰冷，却不可能让你的体温降下来。换句话说，也就是多喝冷饮根本不可能消暑。大量的喝冷饮反而会刺激你的肠胃，让它们产生痉挛，从而引起腹痛、腹泻等病症。还有，人在夏天里会出许多汗水来给身体降温。这时，全身的血管会扩张，毛孔也张开了。而如果此时大量饮用冷饮，就会刺激全身血管，还会引起毛孔骤缩，甚至会使出汗中止，妨碍体温的散发。

人们往往不知道，常饮冰冻饮料会导致多种疾病。由于大量饮用冰冻饮料导致的疾病不会在饮后立即发作，因此人们意识不到它的危害，或者不会将一些疾病与喝冷饮联系起来。

常见的由于长期饮用冰冻饮料引起的慢性疾病如下：

（1）慢性喉痛，声音沙哑。由于冰冻饮料的强烈刺激，咽喉里的血管急剧收缩，则会导致慢性咽喉炎。

（2）胃胀胃痛，消化不良。由于胃部血管遇冰冷而强烈收缩，胃酸分泌大减，会引起消化不良，腹部隐痛。

（3）间接引起伤风感冒。由于上述疾病的影响，使人体抵抗力下降，而导致伤风感冒。

（4）头痛。由于分布在口腔内的部分三叉神经遇强冷刺激，使头部血管收缩，引起头痛。

（5）女子经痛。中医认为，过腹寒冷，会引致气滞血瘀，因而月经时会发生经痛。

（6）肾功能受损。小孩、老人肾功能较差，而冰冻饮料会加重其负担，久之会受损。

（7）有心血管病的人易引起心痛。因为这类病人多数有动脉硬化，而冰冻饮料会使冠状动脉收缩，心绞痛会突然发作。

　　如果你仔细注意一下碳酸饮料的成分，就不难发现，大部分饮料中都含有磷酸。通常人们不会在意，但这种磷酸却会潜移默化地影响你的骨骼，常喝碳酸饮料骨骼健康就会受到威胁。有关专家表示，人体对各种元素都是有要求的，所以，大量磷酸的摄入就会影响钙的吸收，引起钙、磷比例失调。一旦钙缺失，对于处在生长过程中的青少年身体发育损害非常大。缺钙无疑意味着骨骼发育缓慢、骨质疏松，所以有资料显示，经常大量喝碳酸饮料的青少年发生骨折的危险是其他青少年的3倍。

　　炎炎夏日，面对各种清凉饮料和各色冰冻食品的诱惑，你最好先让自己冷静下来，让自己驱除马上就饮的欲望，等自己平静下来以后，再轻轻地啜吸一小口手上的冷饮冷食，让正在兴奋的胃肠适应一下这突然而来的"刺激"。然后再慢慢加量饮用，这样才能让你的肠胃更好地适应冷饮的温度。另外，如果你实在渴得厉害，你不妨先喝一些凉开水。凉开水可是补充你体内水分的好东西，它能很轻易地被你的肠胃吸收，增加你身体内的血溶量，让你的体细胞很快就充满水分，从而让你的体温在瞬间就降下来。还有，当你喝冷饮之后，你不妨再吃一点清凉味的食品，这也可以放松你的身体，而不致让你的身体受到损害。

　　想想喝冷饮的短暂清爽和长久的危害，现在你知道该怎么办了吧？在你大汗淋漓时喝冷饮不但不解渴，还有害身体。如果你不想打针吃药，就克制一下吧，待汗稍下之后再喝吧！还要注意喝冷饮也要同喝热汤一样，细细品味，慢慢饮下。

暴饮暴食

父亲饭后散步回来，见肥胖的儿子还在饭桌上狼吞虎咽，不由得说道："亲爱的儿子啊！我们吃饭应当只吃七分饱。"

儿子反问道："为什么？"

"因为对那些总是让自己饿着、不吃东西的人来说，只要给他们一点点吃的东西，哪怕是粗茶淡饭、残羹冷炙，他们也都会吃得津津有味，其乐无穷，总是让自己始终保持着旺盛的食欲，对自己所吃过的东西就能始终保持美好的向往了。"

"谁说的？"

"当然是我呀！"

暴饮暴食，超过胃肠道消化吸收的能力，不仅身体吸收不到营养，而且会破坏胃肠道的功能。这种现象尤其以节假日最为严重，由于平时忙碌于工作，大部分父母都没有太多的时间和自己的孩子沟通，也就不知道孩子到底需要些什么，因此，假期就成了父母们弥补孩子的最好时机。很多父母都担心孩子平时营养不足或在学校吃得不好，因此假日期间带着孩子"大吃大喝"，麦当劳、肯德基等一下子涌进了孩子的胃里。

人吃饱了，就会懒得动，容易产生多余的脂肪，随之也就会慢慢胖起来，人一胖病也就会随之而来。餐餐饱食使人的胃、肠等消化系统时时处于紧张的工作状态，各内脏器官也被超负荷利用而无法保养。这种饱食现象至少对身体有两个方面的害处：①引发胃病。人的消化系统需要定时休养，才能保持正常工作。如果饱食，上顿的食物还未消化，下顿的食物又填满胃部，消化系统就得不到应有的休养。人体胃黏膜上皮细胞寿命很短，每2~3天就要修复1次，一日三餐之外还常吃夜宵，就使胃黏膜得不到修复的机会。由于让食物长时间滞留胃中，逼迫胃大量分泌胃液，破坏胃黏膜，容易产生胃糜烂、胃溃疡，从而诱发胃癌。②畸形发展。营养过剩同样会增加体内各脏器的负担，使其畸形发展。心脑血管疾病、糖尿病、脂肪肝、肥胖症等"富贵病"皆为贪吃惹出来的。

另外，体内甲状旁腺激素的多少与平时饮食量成正比。长期饱食就会使人体内甲状旁腺激素增多，容易使骨骼过分脱钙，造成骨质疏松。而且从年轻时就经常饱食的人，到了老年，由于体内甲状旁腺激素含量明显增加，即使摄取较多的钙，也难以沉着于骨骼之中，患骨质疏松的概率也会明显增加。

因此从古至今都提倡"七分饱"，这是有科学依据的。七分饱是指进食宜饥饱适中。人体对饮食的消化、吸收、输出，主要靠脾胃来完成，进食定量，饥饱适中，恰到好处，则脾胃足以承受。消化、吸收功能运转正常，人便可及时得到营养供应，以保证各种生理功能活动。反之，过饥或过饱，都对人体健康不利。过分饥饿，则机体营养来源不足，无以保证营养供给。消耗大于补充，就会使机体逐渐衰弱，势必影响健康。

因此在这里就要提醒家长们不要让孩子在节日期间暴饮暴食，平时更不可以，同时还要注意孩子的饮食卫生。存放食物，生、熟要分开，以免互相污染；放的地方湿度要低，以免细菌生长繁殖；剩菜剩饭一定要加热，不吃腐败变质的食物，以免发生细菌性食物中毒。为孩子创造健康的饮食环境，才能保证孩子的健康成长。

俗语说"要得小儿安，须得三分饥和寒"。如何做到让孩子吃到七分饱呢？

（1）给孩子吃的量要少于你想象的量，如果孩子吃完不够的话，让他自己再向你要。

（2）当孩子开始不专心吃饭，或说"不要"的时候，应拿走食物，不要迫使孩子多吃。

（3）让孩子慢慢进食，这有助于提高对饥饿的忍耐性和食欲敏感性，并可调节进食量。

只吃菜不吃粮，大鱼大肉吃得香

逢年过节，吃是头等大事。古书《黄帝内经》指出："膏粱之变，足生大疗。"也就是说，过多食用油腻厚味的食物，易使人生大的疗疮（古代医学认为癌症属于恶疮肿毒的范畴）。如果说古人养生之学，尚且给后人留下了一针见血的警示，那么现代人是否真的做到了善待自己的身体呢？

眼下各种团拜会、聚会纷至沓来，而人们一般的吃饭习惯是先上满桌子的菜，最后才上主食，于是就出现"节日菜肴过于丰盛，很多人只吃菜不吃主食"的现象，席间"小胖墩"们夹着大鱼大肉吃得正欢，而最后真正的主食上桌的时候，孩子们也都吃饱了。慢慢地主食也便淡出了人们的视野，只吃菜不吃主食，用大鱼大肉填饱肚子也就成了一种习惯。

美国一项最新医学研究指出，如果长期不摄取碳水化合物食品，可能造成失忆。美国塔弗兹大学的调查发现，不食用意大利面、面包、比萨饼、马铃薯等高能量食品达一周，无论男女，都会出现记忆与认知能力受损。不过，只要再恢复食用这些高能量食品，记忆与认知功能就能恢复正常。负责这项研究的心理系教授指出，这是因为脑细胞需要葡萄糖作为能量，但脑细胞无法贮存葡萄糖，需要透过血液持续供应，碳水化合物食品摄取不足，可能造成脑细胞所需要的葡萄糖供应减少，因此，对学习能力、记忆力及思考力造成伤害。

不要小看这一顿饭，从营养的角度来讲，这是一种不合理的饮食结构。而从医学角度讲，光吃肉不仅会增加蛋白质和脂肪的摄入量，还会使胃受伤。我们知道大鱼大肉属于高脂类食物，并非我们所想的多摄入可补充营养，满足身体需要，反而会导致营养过剩，致使周围脂肪组织过多。

主食中的糖类有保护胃黏膜的作用，其中的纤维素还能增加胃肠的蠕动，促进消化，则恰好弥补这一缺陷。除此之外，中国讲究阴阳平衡，其实饮食上也是这样，要注重酸碱平衡，才能保证身体营养均衡。美国一位病理学家经过长期研究指出，只有体液呈弱碱性，才能保持人体健康。因此选择主食时，粗粮要占一定的比例，如小米、玉米、燕麦等。富含淀粉的主食主要给人提供能量，长期不吃主食，人体内酸碱平衡就被打破，从而影响人体健康。

古人讲究阴阳五行，维持人体内酸碱平衡才能让青少年健康成长。人类的食物可分为酸性食物和碱性食物。判断食物的酸碱性，并非根据人们的味觉，也不是根据食物溶于水中的化学性，而是根据食物进入人体后所生成的最终代谢物的酸碱性而定。酸性食物通常含有丰富的蛋白质、脂肪和糖类，含有钾、钠、钙、镁等元素，在体内代谢后生成碱性物质，能阻止血液向酸性方面变化。所以，酸味的水果，一般都为碱性食物而不是酸性食物，鸡、鱼、肉、蛋、糖等味虽不酸，但却是酸性食物。

专家提示说："人体体液的 pH 值处于 7.35～7.45 的弱碱状态是最健康的。"所以，不能只吃大鱼大肉，要多吃些富含碱性的食物，如水果、蔬菜、豆制品等，以利于保持人体内酸碱度的基本平衡，保持人体健康。同时要注意合理的饮食结构，不能过多摄入大鱼大肉等高脂食物，特别是在夏秋交替之季节，不应过分地进补，切忌顿顿大鱼大肉，应该

平补。要注意主食、蔬菜和肉类的合理搭配，少吃油腻的食物，这样才不至于让胃肠负担太重。

烧烤当道

冬季是烧烤的黄金季节，羊肉串等烧烤食品的生意十分火爆。但近日，世界卫生组织公布了历时 3 年的研究结果，称"吃烧烤等同吸烟的毒性"。研究表明，1 个烤鸡腿等同于 60 支香烟的毒性，而常吃烧烤的女性，患乳腺癌的危险性比不爱吃烧烤食品女性高出 2 倍。由于肉直接在高温下进行烧烤，被分解的脂肪滴在炭火上，再与肉里的蛋白质结合后，会产生一种叫苯并芘的致癌物质。人们如果经常食用被苯并芘污染的烧烤食品，致癌物质就会在体内蓄积，诱发胃癌、肠癌。

肉类食品在烧烤、烟熏和腌制过程中会产生一种致癌物质——苯并芘，苯并芘也正是香烟里的一种有害成分。在烧烤肉类食品时，这种物质会附在烤肉表面，随同烤肉一同食入人体内。研究资料表明：10 岁以前经常食用烧烤、烟熏、腌制食品的孩子，成年后患癌的可能性比一般人高 3 倍。苯并芘是一个由 5 个苯环构成的多环芳烃，当肉类在木头或炭火上烹调时，肉中的脂肪滴入热煤所形成的烟雾中会产生苯丙芘。它是一种强力的致癌剂。此外，蛋白质食品在烹调时要经历一个"热解"的过程，许多热解物是诱变剂，食入人体同样可诱发癌变。由此可知，经常食用烟鱼、烟肉、烧肉、烧鹅、烧鸡，甚至熏过的香肠火腿都对健康不利。

同时，烧烤食物中还存在另一种致癌物质——亚硝胺。亚硝胺的产生源于肉串烤制前的腌制环节，如果腌制时间过长，就容易产生亚硝胺。

此外，据近年美国一项权威研究结果显示，食用过多的烧煮熏烤过的肉食将受到寄生虫等疾病的威胁，甚至严重影响青少年的视力，造成眼睛近视。经过烧烤，食物的性质偏向燥热，加之孜然、胡椒、辣椒等调味品都属于热性食材，很是辛辣刺激，会大大刺激胃肠道蠕动及消化液的分泌，有可能损伤消化道黏膜，还会影响体质的平衡。

爱吃烤羊肉串的人，应适当控制食量，不宜多吃。若真耐不住馋，可用家用电烤箱、微波炉制作。另外，在吃这些烧烤食品时，应特别搭配一些绿色蔬菜和水果，以降低有害物质对健康的损害。

对于青少年而言，要懂得一些吃烧烤的健康原则：

（1）选择低脂食物。烧烤要食得健康，第一步当然要懂得选择食物。而很多人烧烤最爱烤鸡翅，但一只鸡全翅，已有150卡路里。要品尝烧鸡香味，不妨选择鸡柳，这可是较佳的代替品。至于要将瘦身进行到底的女孩来说，最好只要些素食蔬菜串、蔬菜沙拉之类的"绿色食品"了。

（2）小心"甜蜜陷阱"。烧烤时，为加添美味，很多人都爱在烧烤食物上涂蜜糖，却未想到一汤匙蜜糖已有65卡路里，大大增加了热量的摄取。其实想增添食物鲜味，营养师建议大家少吃蜜糖，不妨选用黑椒粉、芥末等天然调味品，以增加食物的"野味"。

（3）善用"保护罩"。将食物直接烧烤会产生一种叫苯并芘的致癌物，会黏附在食物上，故建议大家只将部分食物作烧烤，而另外的可尝试"反传统"方法，将食物用锡纸包裹后才加热，便能将致癌概率大大减低。以锡纸包裹蔬菜加热，既健康，又能减少致癌物质的产生。

（4）食物多元化。烧烤不一定以肉类挂帅，五谷、蔬菜烤起来同样有滋味。五谷类的健康烧烤首选，当然是烤玉米了，其不但美味，又易饱肚。此外，红薯、洋葱和香菇，一经烧烤，也让人产生与平日完全不同的感觉，甜蜜蜜、香喷喷，都是让人闻香止步的美味。

（5）要注意食品的卫生情况。如果家里不方便烧烤的话，买路边烧烤的时候就要特别注意食品的卫生，卖家要有经营许可证明和相关的食品安全证明等。

把方便面当早餐

上学的时候许多青少年，早晨一睁开眼，又要迟到了，拿起一袋方便面便向学校飞奔而去。

现代人们的生活节奏加快，方便面、面包、饼干等方便食品很受人们的青睐。以方便面代替主食，确实省时方便，味道也很鲜美，加之经济条件的提高，人们都愿意花钱省时间吃上方便的美味食品。这也是现代人们生活的一个特点。方便面的确方便快捷，对于学习时间紧张的青少年来说，吃方便面是提高效率的好办法。但是，有些人只图方便，却忽略了营养全面供给这一关键问题。结果常吃方便食品却造成营养不良，罹患某些营养缺乏症。

青少年正在处于生长发育阶段，每天摄入的食物，除了保证身体的基础代谢和各种活动所消耗的能量之外，还需要一部分能量用于生长发育，长高增重。如果营养摄入不足，容易造成身体疲劳、注意力涣散、学习效率低。常吃方便面容易引起营养缺乏、食欲减退、脾胃受损。一般说来，方便食品营养单调不全，方便面中的油炸面块，在油炸过程中维生素几乎全部丧失，其营养远远不能满足人体的需要，它配料中的脱水肉末、脱水菜末、食油、盐、味精等所含的营养也都没有达到人们所需的程度。还有就是料包中添加的牛肉汁、鸡肉汁、虾汁等，虽然味道鲜美，但用量很少。而且方便面里缺乏蔬菜，有的有菜末或菜汁，用量也很少。因此，方便食品中并不具备人体所需要的蛋白质、脂肪、矿物质、维生素和水等较全面的营养素，更缺乏能促进胃肠蠕动的纤维素。

因此，人如果常吃方便食品，就会造成某些营养素的缺乏而罹患疾病。营养学家调查研究表明，在长期食用方便食品的人群中，有60%的人营养不良，54%的人患缺铁性贫血，23%的人患维生素 B_2 缺乏症，16%的人缺锌，20%的人因缺乏维生素 A 而患眼疾。此外，有些方便食品还或多或少地含有对人体健康不利的成分，如色素和防腐剂等。方便食品还含有较多的油脂，平时存放很容易氧化酸败，人吃了这些食物以后，会对身体内重要的酶系统有一定破坏作用，经常食用这类食物还会使人加速衰老。

方便食品可以说多数家庭都备有，用于应急时食用，但常吃方便食品对健康不利，毕竟方便食品里的营养不能完全替代正餐里面的营养，它只会让你变得面黄肌瘦。如果你常吃方便面而又无法自拔，你就应当平衡你的膳食了。正常食物里面除了含有许多人体必需的营养素之外，还具有许多不可或缺的维生素。而你以后的智慧，还有皮肤的好坏都与这些正餐里的维生素有直接的关系。所以，平衡膳食、增加正餐的频率是让你忘却方便面诱惑的关键一步。

吃方便面有诸多不利，因此青少年应尽量少吃。即使偶尔食用，也应多吃些肉类、蛋、蔬菜和水果帮你弥补流失的维生素。肉类中含有的营养成分和蛋、蔬菜、水果中的各种维生素，都是你所必需和必备的，它们能帮你调理身体内部的饮食平衡，可以让你不致因嗜吃方便面而精神不振、情绪低落、体弱多病。青少年应尽量注意营养，这样才有利于健康成长。

对"洋快餐"情有独钟

　　医学营养学家近来研究发现，常常让孩子吃一些"洋快餐"（包括三明治、干脆方便面、各种煎炸食品、冰淇淋、奶油食品和各种高糖饮料），虽然方便了大人，然而却会使孩子们营养严重失衡。这不仅影响他们的脑发育，而且还会影响他们今后对于食物的口味偏好。

　　青少年和儿童的脑组织发育需要充足的卵磷脂（卵磷脂食品）、蛋白质（蛋白质食品）、糖分、钙（钙食品）、维生素 A、维生素 B、维生素 C 及维生素 E，而一般"洋快餐"中这些营养含量都比较低。长期缺乏这些营养，会对大脑的发育及思维活动产生不利影响，而且会引起精神不集中，容易出现烦躁焦虑的情绪，严重者还会变得好斗。由于这一类食品中大多含有较多的食品调味剂及添加剂，如果经常吃就会造成体内锌元素的缺乏。体内缺乏锌元素，会使儿童的味觉变得迟钝，影响正常食欲，容易养成偏食或挑食的不良饮食习惯。

　　近几年，"洋快餐"已经遍及全国各地，并以其独特的口味和方便快捷迷倒了许多人。青少年们也被"洋快餐"深深吸引，为此，他们经常去吃"洋快餐"，并且感觉它不仅有令人垂涎的美味，而且营养搭配肯定更科学，更能提供许多生长发育期所需的维生素。

　　营养学家指出，食物的热量 60% 左右来自碳水化合物、25% 来自脂肪、12% ~ 15% 来自蛋白质是理想的构成比。另外还要求低钠（每天 3 ~ 8 克氯化钠）、低糖和高膳食纤维（每天 20 ~ 30 克）。按以上标准衡量，可以发现"洋快餐"具有三高（高热量、高脂肪、高蛋白质）和三低（低矿物质、低维生素和低膳食纤维）的特点。常吃的"洋快餐"有汉堡包、热狗、炸鸡等，这些食物多偏重于肉食，因而胆固醇含量较高。如一个105克的汉堡包含有30毫克的胆固醇，而一只重154克的快餐鸡腿，竟有多达103毫克的胆固醇。原本从食物中吃进胆固醇对身体并没有多大影响，因为人体会自行调节。但有些人在这方面调节失效，吃了含胆固醇高的食物后，体内胆固醇含量显著提高。

伦敦一家杂志称"洋快餐"具有成瘾性，可引起食用者体内激素变化，导致进食者难以控制进食量，从而诱发肥胖。"洋快餐"含致癌物质丙烯酰胺，其可导致基因突变，损害中枢和周围神经系统，诱发良性或恶性肿瘤。所以世界卫生组织规定，每千克食品中所含的丙烯酰胺不得超过1毫克，但一些"洋快餐"的炸薯条中丙烯酰胺高出约100倍，比一包普通的炸薯片超标约500倍。"洋快餐"使用的"氢化油"含大量反式脂肪酸，摄入后会影响人类内分泌系统，危害健康。

除尽量少吃"洋快餐"外，还需要在某些用餐细节上注意，比如，在吃薯条时最好不要放在托盘里。这是因为热腾腾的薯条被服务员迅速盛入纸袋后，无法立足的薯条袋便立即躺倒在托盘上，托盘上的广告单正是传染疾病的源泉。另外，在较著名的"洋快餐"店里，吸管或放在某一固定处，或放在交款台前，这些地方很容易被污染，吸管自然难以幸免。在交款台前取吸管尤其危险，它意味着顾客一手交完钱，一手就要接触吸管。因此在你吃"洋快餐"时最好用家里自备的吸管，以防惹病上身。

其实，中式快餐也是很有营养的。中式快餐包括面食、面点等，平时多摄入一些，对提高自己的身体素质也很有帮助。比如豆浆，较之咖啡、可乐，它算是中式快餐的典型代表，就含有多种微量元素及营养物质，常喝对身体十分有益。

豆浆和鸡蛋同吃

　　豆浆是中国人喜爱的早点，豆浆中含有大豆皂苷、酮、大豆低聚糖等具有显著保健功能的特殊保健因子。常饮豆浆可维持正常的营养平衡，全面调节内分泌系统，降低血压、血脂，减轻心血管负担，增加心脏活力，优化血液循环，保护心血管，并有平补肝肾、抗癌、增强免疫等功效，所以有科学家称豆浆为"心血管保健液"。

　　豆浆和鸡蛋的营养价值可能大家都比较熟悉，两样东西营养价值都很高，那放在一起功效岂不是更大，所以很多青少年早晨起来习惯性地喝杯豆浆、吃个鸡蛋。也许有些东西放在一起会发挥更大的功能，但有些东西放在一起食用反而会成为健康的致命"杀手"。所以无论是何种食物，我们必须了解其营养价值，讲求科学的食用方法，还要注意食物的禁忌，才能达到真正的健康饮食。

　　豆浆和鸡蛋都是营养价值很高的物质，但是，若用豆浆冲鸡蛋食用，反而起不到补充营养的效果。这是因为，每 100 克豆浆含蛋白 4.4 克，鸡蛋每 100 克含蛋白 14.8 克。蛋白质进入胃肠，经胃蛋白酶和胰腺分泌的胰蛋白酶分解为氨基酸，而后由小肠吸收。但豆浆中的胰蛋白酶抑制物质，能破坏胰蛋白酶的活性，影响蛋白质的消化和吸收。鸡蛋中的黏液性蛋白，能与胰蛋白酶结合，使胰蛋白酶失去作用，从而阻碍蛋白质的分解。因此，豆浆和鸡蛋不宜同食。

　　喝豆浆有几大好处，如果用科学的方法去喝就更能体现出来。①不要在豆浆中加红糖，因为红糖含有机酸，与豆浆中的蛋白质结合，引起蛋白变性而沉淀，破坏豆浆的营养和增加吸收的难度。加白糖则无此现象。②不要喝未煮熟的豆浆。黄豆中含有胰蛋白抑制素，在豆浆加工过程中这种物质虽然遭到很大破坏，但仍残留少部分。如果豆浆煮不透，喝后会出现恶心、呕吐、腹泻等症状。③不要空腹喝豆浆。空腹喝豆浆后会使豆浆中的蛋白质过早地转化为热量而被消耗掉，不能起到喝豆浆的作用。④不要把豆浆和药一起喝，豆浆的营养成分会被药物破坏掉或起到副作用。⑤忌豆浆喝得太多。豆浆一般喝 300 毫升左右即可，豆浆中有大量的植物蛋白，如果一次喝得太多，会产生过食性蛋白质消化不良，出现腹胀及腹泻。⑥忌用保暖瓶盛豆浆。豆浆中的皂苷能使保温瓶的水垢脱落，放置时间一长，细菌生长繁殖，豆浆变质，再来食用，有害无益。

但是研究发现，只要科学合理，鸡蛋豆浆可以同食，那到底是什么方法呢？我们来看一看。豆浆煮沸后胰蛋白酶是能被破坏的，如果与冲出的鸡蛋同食，而冲出的鸡蛋半生不熟，此时，蛋白质中仍含有抗生物素蛋白，它与蛋黄中的生物素结合，很难为人体吸收。所以煮熟的豆浆和煮熟的鸡蛋是可以同食的，最重要的一点是一定要确保豆浆煮沸。

生豆浆加热到 80℃~90℃ 的时候，会出现大量的白色泡沫，很多人误以为此时豆浆已经煮熟，但实际上这是一种"假沸"现象，此时的温度不能破坏豆浆中的皂苷物质。正确的煮豆浆方法应该是，在出现"假沸"现象后继续加热 3~5 分钟，使泡沫完全消失；不能为了保险起见，将豆浆反复煮好几遍，这样虽然去除了豆浆中的有害物质，但是也造成了营养物质流失，因此，煮豆浆要恰到好处，控制好加热时间，千万不能反复煮。

边看电视边进餐

有些孩子是由于父母的溺爱，有些孩子是由于父母工作太忙，无暇顾及，慢慢在生活中养成了一些不好的习惯，比如他们喜欢看着电视吃东西：水果、饮料、大堆的膨化食品等，甚至有的家庭喜欢边看电视边吃饭，吃饭娱乐两不耽误。这些生活习惯养成后如果得不到正确指导和改善，势必会影响父母甚至是青少年的身体健康。

专家表示，边吃饭边看电视，有时候还和旁边的人交谈，这属于典型的一心多用的情况。研究发现，一心多用会对我们的大脑有很大害处，影响正常的脑力活动，甚至引发多种身心疾病。比如，边吃饭边看电视，大量的血液要供应脑部工作，会直接影响胃肠道的血液供应。长此以往，势必会影响胃的功能，导致胃病发生。另外，一心多用还会引发一系列危险的精神问题，从成年人的巨大压力和狂躁症，到孩子身上的学习障碍和自闭症等，对身心健康极为不利。

像糖果、爆玉米花和煎土豆片这些不是很有营养的食品，有可能哧溜一下就进入孩子的胃里，尤其是他们在看情节紧张的动画片的时候。而像汤、稀粥这些有营养食品，对他们又没有多少吸引力，因为他们所喜欢的电视片的主人公都是吃一些可口的东西。总之，电视不能成为人们生活的主要消遣，尤其是对孩子。因为他们的感受力都很强，信息过剩和辐射都会导致机体工作能力降低。孩子的大脑不能在消化食物的同时又消化从电视获得的信息，由此便会出现消化和食欲的紊乱。

研究发现，如果3～5岁的学龄前儿童边看电视边进餐，他的饭量肯定要比那些一心一意吃饭的孩子小得多。俄罗斯一家神经心理学研究中心的主任也认为，吃饭的时候不宜说话，也不能干其他事，否则食物不易消化和吸收，这是众所周知的道理。此外，美国斯坦福大学医学系的研究人员也查明，孩子在电视面前泡的时间越长，他们就会没完没了地向大人提出各种要求："妈妈，给我买冰激凌！妈妈，给我买麦当劳！"有800名接受研究人员观察的三年级孩子都是这种表现。他们中每个孩子一星期平均得看22个小时的电视，因为厂家都往电视游戏和电视节目里插了广告（糖果、饮料和玩具等），于是这些少年消费者购物欲望大增，一个星期买一次玩具，三个星期要尝两种新食品。

也许，边看电视边进餐的危害远不止于此。

首先，边看电视边进餐不利于食物吸收。进餐的同时看电视是一种非常不可取的习惯。这种习惯影响食物的消化和营养的吸收。边吃饭边看电视，看到精彩的地方会不由得哈哈大笑，或没完没了地议论，使吃饭时间延长，对食物咀嚼不利，从而导致消化器官功能减退；边吃边看，会使人分神，体内流向消化系统的血液量减少，使吸收功能受到影响。

其次，影响饮食。进餐时看电视，容易影响食欲。除了生理因素可以引起食欲外，外部因素也可以通过条件反射来增强食欲。边吃饭边看电视，往往过度地关心电视节目，忽视了食物的味道，有时会使本来已经出现的食欲因受到电视的影响而降低或消失，久而久之会出现营养不良；而有的人会因为看电视非常入神，对食物不能加以控制，反而吃得更多，变成了胖子。

因此，吃饭时应尽量让大脑休息、放松，让电视机彻底远离你的视线范围。如果想在吃饭时了解一些新闻时事，可以将电视机放在房间一角，边吃饭边听新闻，或放一些轻松的音乐。此外，父母要为孩子树立榜样，在家中不要边吃饭边看电视，最好是饭后20～30分钟再看电视，因为电视机产生的辐射会加重室内污染，影响青少年的身体健康。

囫囵吞枣快速进餐

学校里的功课很紧，每天都有很多作业要做，回家后爸妈也督促着你，让你抓紧有限的时间去学习。这些客观原因让你变得很匆忙，没有闲暇时间。于是，在用餐时，你便急忙地扒上几口饭，囫囵咽下几口菜，草草了事。

长期快速吃饭，对人的身体十分有害。首先，吃饭过快会使食物不能跟唾液中分泌的酶充分混合，而直接进入到胃肠进行消化，这势必增加胃肠负担。肠道要经过很长时间才能把这些食物充分消化，久之，就会产生胃病及肠炎等疾病。吃饭速度快难免会有咀嚼不充分的食物，这些没有嚼碎的食物在经过咽喉时，很可能会卡在窄窄的通道内，从而引发食物卡嗓、憋气、头晕等症状的发生。另外，这种不仔细品尝滋味的吃法，还会让你丧失对食物的注意而引发厌食症。

吃饭的速度对于健康真的很重要。据健康专家介绍，吃饭速度快的危害很多：

食物的营养质量太低。如果一餐饭能够不到 5 分钟就吃完，不用说，这餐食物的多样化程度不高，其中的蔬菜很少，水果也很少，没有粗粮和豆类，基本上就是精白米、精白面食品加上肉类为主，甚至干脆就是单纯的泡面、汉堡、馅饼、速冻饺子之类。顿顿这样的饮食，营养质量能高吗？维生素、矿物质、抗氧化成分等能足吗？天长日久地这么吃，身体能好吗？

吃饭快使人很容易发胖。人们都知道，大脑摄食中枢感知饱的信息需要时间。口腔和胃里消化出来的少量小分子，对于食欲的控制至关重要。因此，过快进餐的数量是不由大脑控制的，只能由胃的机械感受器来感知。然而，对于这种精白细软食物来说，到了胃里面觉得饱胀的时候，饮食已经明显超过身体需求了。另一方面，有研究证实，同样数量的食物，嚼得少、吃得快，就会更容易饥饿。早早饥饿，不仅妨碍工作效率，而且下一餐容易多吃，甚至两餐之间就会主动寻求高热量的零食、点心、饮料，见到高热量的食物就特别冲动。如此，能不容易发胖吗？

患慢性病和癌症的危险加大。精白细软的淀粉类主食，又是那么快速地吃完，血糖上升的速度可想而知，胰岛素的压力之大可想而知，这对于预防糖尿病当然是非常糟糕的事情。精白淀粉食物加肉类的配合，让血脂的控制也会变得更难。如果运动不足，35岁之后会非常容易患上脂肪肝、高血脂、糖尿病。口腔的咀嚼绝非没有意义，唾液的充分搅拌能够消灭不少有毒有害物质。如果放弃了这一步，势必会增加致癌物质作用的危险。而且，精白细软的饮食本身，就不能供应促进致癌物排出的膳食纤维，也不能供应预防癌症所必需的抗氧化成分。长此以往，癌症风险当然会比其他人增大。即便我们不为孩子的现在着想，也应该为孩子的未来担忧。

俗话说"身体是革命的本钱"，先要给孩子一个良好的身体，才能够让孩子有充足的精力学习。细嚼慢咽，才能品出食物的美味。千万不要以为这样会耽误你宝贵的时间，没有好身体，即使时间非常充裕又能做什么呢？另外，细嚼慢咽还能增加唾液分泌量，使食物和唾液充分混合，有助于消化，且唾液进入胃后形成的保护胃部的蛋白酶膜，能预防溃疡病。唾液中含有的溶菌酶有杀菌防病、化解食品的某些毒性和降低黄曲霉素致癌率的功效。还有，细嚼慢咽能促进神经中枢活跃，使人有饱腹感，控制"生物性饥饿"，从而达到节食减肥的目的。肥胖者坚持细嚼慢咽还具有紧牙健齿和美容的功效，这对于青春期既要健康，也要美丽的女生很有帮助。

空腹吃水果

很多青少年都会遇到这样的情况：饿得不行了，吃个水果先垫垫肚子；早晨起床先吃个苹果；在减肥，饿了就吃苹果等诸如此类空腹吃水果的情况。

水果是人们膳食生活中维生素 A 和维生素 C 的主要来源。水果中所含的果胶具有膳食纤维的作用，同时水果也是维持酸碱平衡、电解质平衡不可缺少的。专家分析，"金银铜"之说换言之就是早上吃水果营养价值最高，晚上吃水果营养价值最低。其中的道理是，人在早起时供应大脑的肝糖耗尽，这时吃水果可以尽快补充糖分。而且，早上吃水果，各种维生素和养分易被吸收。

人们都知道吃水果有益于健康，很多追求苗条的女孩还把它作为一种正餐的食品。常言道："饥不择食。"人在饥饿的时候看见吃的东西就想往嘴里放，可是，有些食物在空腹的时候吃下去会给你的健康带来麻烦。生活中我们都知道空腹喝牛奶、酸奶、豆浆、酒和茶不利于健康，据《今日美国》健康新闻报道，我们还需切忌空腹吃几种水果。

（1）香蕉。由于香蕉含有较多的镁元素，空腹吃时，可使人体中的镁元素突然增高，破坏人体血液中的钙、镁平衡，对心血管产生抑制作用，不利于身体健康。

（2）柑橘。内含大量糖分及有机酸。空腹吃下肚，会刺激胃黏膜，会使胃酸增加，使脾胃不适，嗝酸、反胃，使胃肠功能紊乱。

（3）柿子。空腹时胃中含有大量胃酸，它易与柿子中所含的柿胶酚、胶质、果胶和可溶性收敛剂等产生反应，形成胃柿石症，引起心口痛、恶心、呕吐、胃扩张、胃溃疡，甚至胃穿孔、胃出血等疾患。

（4）黑枣。含有大量果胶和鞣酸，易和人体内胃酸结合，出现胃内硬块。特别不能在睡前过多食用，患有慢性胃肠疾病的人最好不要食用。

（5）鲜荔枝。荔枝含糖量很高，空腹食用会刺激胃黏膜，导致胃痛、胃胀。而且空腹时吃鲜荔枝过量会因体内突然渗入过量高糖分而发生"高渗性昏迷"。

（6）山楂。味酸，具有行气消食作用，但若在空腹时食用，不仅耗气，而且会增强饥饿感并加重胃病。

（7）菠萝。内含的蛋白分解酵素相当强，如果餐前吃，很容易造成胃壁受伤。

虽然平和类水果可以空腹食用，但在这里还是不建议青少年这种饮食习惯，尽量在吃水果前适量进食，或者喝一杯水。

吃水果，时间不重要

水果是人们膳食生活中维生素 A 和维生素 C 的主要来源。水果中所含的果胶具有膳食纤维的作用，同时水果也是维持酸碱平衡、电解质平衡不可缺少的。"早上吃水果是金，中午吃是银，晚上吃就变成铜了"就是说早上吃水果营养价值最高，晚上吃水果营养价值最低。其中的道理是，人在早起时供应大脑的肝糖耗尽，这时吃水果可以尽快补充糖分。而且，早上吃水果，各种维生素和养分易被吸收。

大家都知道，水果不仅含有丰富的维生素、水分及矿物质，而且果糖、果胶的含量也比其他食品高，这无疑给人们的健康提供了充足的营养成分。但调查研究还发现，有不少的青少年还不太了解吃水果

的学问，随意性比较大。水果味道甜美、营养丰富，几乎人人都爱。不过，吃水果的学问不仅仅在于"对症下药"，吃的时间也很有学问。有些水果适合餐前少量食用，可以刺激食欲；有些水果最好在餐后食用，可以帮助食物的消化和吸收；有些早上吃提神醒脑；有些晚上吃安神助眠。

吃水果也要讲究时间，新鲜水果的最佳食用时段是上午。同样是吃水果，如果选择上午吃水果，对人体最具功效，更能发挥营养价值，产生有利人体健康的物质。这是因为，人体经一夜的睡眠之后，肠胃的功能尚在激活中，消化功能不强，却又需补充足够的各式营养素，此时吃易于消化吸收的水果，可以应付上午工作或学习活动的营养所需。

儿童正处于长身体时期，不宜饭前吃水果。餐后半小时再食用水果有助于消化吸收。水果中糖的主要成分是果糖和葡萄糖，无需通过消化、分解，直接进入小肠就可被吸收。而其他含淀粉及蛋白质成分的食物如米饭、面食、肉食等，则需要在胃里停留一段时间进行消化。如果餐后马上吃水果，消化慢的淀粉蛋白质会阻塞消化快的水果，所有的食物一起搅和在胃里，水果在体内36℃~37℃高温下，产生发酵反应甚至腐败，可出现胀气、便秘等症状，给消化道带来不良影响。

对于需要减肥的女孩来说，可以选择餐前吃水果。研究表明：若于进餐前20~40分钟吃一些水果或饮用1~2杯果汁，则可顺利又无痛苦地防止进餐过多导致的肥胖。因为水果和果汁中富含果糖和葡萄糖，可快速被机体吸收，满足机体对血氧的紧迫"渴求"，水果内的粗纤维还可让胃部有种饱胀感。另外，餐前进食瓜果，可显著减少对脂肪性食物的需求，也就间接地阻止了过多脂肪在体内囤积的不良后果。

在瓜果旺季，对于不同体质的人来说，吃水果也是很有讲究的。虚寒体质的人基础代谢率慢，体内产生的热量少，在吃水果的时候应该选择温热性的水果。这些水果包括荔枝、龙眼、石榴、樱桃、椰子、榴梿、杏等。相反，实热体质的人由于代谢旺盛，产生的热量多，经常会脸色潮红、口干舌燥，这样的人群要多吃些如香瓜、西瓜、水梨、香蕉等凉性的水果。而平和类的水果如葡萄、菠萝、苹果、梨、橙子、芒果、李子等，无论是虚寒体质还是实热体质的人均可食用。

鉴于人体酸碱平衡考虑，晚上应适量食用碱性水果：香蕉、柚子、葡萄等。有选择地对症吃水果，就会对自己的身体康复大有帮助。相反，如果您只是盲目地去选择，不但无益，反而会有损自己的健康。

空腹喝奶

昨晚又熬夜了，今天早晨的早餐来不及吃了，还好冰箱里有牛奶、酸奶，营养价值很高，先凑合着喝吧。于是，你匆匆忙忙爬起来，拿起一袋奶向学校奔去。

青少年日常生活中常饮用的奶类以牛奶和酸奶居多。据介绍，许多孩子清晨喝牛奶，认为这样能将营养成分完全吸收。但牛奶专家指出，空腹喝奶会很快经胃和小肠排入大肠，结果各种营养成分来不及消化吸收就被排出体外。正确的方法应该是先吃一些食物再喝牛奶。过多的胃酸导致蛋白质变性沉淀，营养不易被肠胃吸收，严重的还会导致消化不良和腹泻。

据美、英两国医学专家研究发现，牛奶中含有一种叫 α—乳白蛋白的"天然舒睡因子"，它有调节大脑神经和改善睡眠的作用。所以对于牛奶的饮用，最好能改在午睡或晚睡前喝，可除弊兴利，更好地发挥其作用。如果已经习惯在早餐喝牛奶，也一定要先吃一点其他食物后再喝牛奶，使牛奶在胃肠中停留多一些时间。如果早餐要喝一瓶牛奶，可先

吃米或面食50克，再加一个鸡蛋和少许酱菜、豆腐干，然后再喝牛奶，使牛奶在胃中与其他食物混合，在胃肠中停留时间延长，有利于其营养成分的消化吸收。由于食物提供的热量足够，消化吸收又较缓慢并充分，使血糖持续较高水平，上午就会精力充沛。

牛奶可加热，但不要煮沸。因为煮沸后，有的维生素会被破坏，而且牛奶中的钙会形成磷酸钙沉淀，影响营养素的吸收。煮牛奶也有一定的学问，多数人会将白糖加入牛奶再加火同煮，这样会使牛奶中的赖氨基酸与糖在高温作用下发生反应，生成果糖基赖氨酸，这种物质不会被人体消化吸收，反而对人体健康有害，所以煮牛奶应该等牛奶加热后不烫手时再加糖。其次，不可喝冰箱里的凉牛奶，喝常温奶对身体是最好的。

而酸奶就更不用提了。酸奶是以新鲜的牛奶为原料，经过巴氏杀菌后再向牛奶中添加有益菌（发酵剂），经发酵后，再冷却灌装的一种牛奶制品。目前市场上酸奶制品多以凝固型、搅拌型和添加各种果汁果酱等辅料的果味型为主。很多人都知道喝酸奶对身体健康有好处，然而未必人人都会正确科学地喝酸奶。在正常状况下，人体胃液的 pH 值在1~3，空腹时的 pH 值降到 2 以下，而酸奶中活性乳酸菌能够生长的环境 pH 值在 5.4 以上。如果空腹时喝酸奶，乳酸菌就会很容易被胃酸杀死，其营养价值和保健作用就会大大降低。而且此时喝酸奶还会导致胃肠加速蠕动，牛奶中的蛋白质和其他物质会很快与肠中的菌类结合，形成难以消化的蛋白质膜。在这种情况下，就很容易引起腹泻和腹部绞痛。

经过发酵的酸奶，蛋白质更容易吸收，同时加入了乳酸菌，提高了酸奶的利用价值。因乳酸菌不仅可以分解牛奶中的乳糖，产生乳酸，增加肠道酸性，还能抑制腐败菌生长和降低弱腐败菌产生毒素的能力。因此，在喝酸牛奶时最主要的就是乳酸菌对人体有巨大的作用。那么，乳酸菌在什么样的环境下才最适宜生存呢？研究表明：如果饭后喝酸奶，这时胃液将被稀释，pH 值上升到 3～5 比较适合乳酸菌的生长，特别是在饭后 2 小时内饮用酸奶则效果更佳。

多吃甜食"甜甜蜜蜜"

你喜欢吃糖吗？它真的如人们所说给人一种"甜甜蜜蜜"的感觉吗？

俗话说"食蔗高年乐，含饴稚子欢"。甜蜜蜜的糖，人人爱吃。吃甜食有补充气血、解除肌肉紧张和解毒等功能，而且糖果可以丰富人们的生活，点心中适当加些糖可提高食欲。但吃得过多，甚至嗜好成癖，不但无益，反而有害。

随着人们物质生活水平的不断提高，糖果类的甜食也日益丰富起来。超市的货架上，小卖部的橱窗里，甚至楼下的地摊上都会有五颜六色、引人食欲的糖果。休闲时，捧一袋糖块儿，或者饮一瓶甜味的饮料的确是一件非常惬意的事情。青少年似乎对甜食有着难以割舍的爱好，课间聊天、星期日看电视以及过年过节时大啖甜品也成了青少年的习惯。

过多摄入甜食危害多。过多地吃糖会导致人体内的铬随尿液损失掉。铬对于胰岛素充分发挥效用具有重要影响，它的缺乏会使人体易患糖尿病。过量的糖还会在人体内转化为中性脂肪，随着血液的流动，沉积在动脉壁下，日积月累，可导致心肌梗塞和脑血栓。

还有，食糖过多还会削弱人体白血球抵御外界病毒的能力，使血糖升高。而高血糖是皮肤感染的条件，会为葡萄球菌生长繁殖创造良好的环境，并造成皮肤感染反复发作，经久不愈。日本学者认为，糖是一种

酸性食物，如果大量食用，会使体内酸碱平衡失调，呈现中性或弱酸性环境，这样会降低人体免疫力，削弱白细胞抗击外界病毒进攻的能力，加之钙量不足，均可成为致癌的诱发因素。

吃糖过多，糖在人体内表现为较强的有机酸，它促使胃酸增多，加重胃病患者的疼痛，造成胃溃疡等疾病的发生，减低胃肠的蠕动，造成便秘。吃糖过多，在肾脏中产生高浓度的草酸，草酸与钙产生化学作用，生成草酸钙沉淀，就是尿道结石和肾结石的成分。据统计，结石患者多爱甜食。经常吃糖可为口腔内的细菌提供生长繁殖的良好条件。这些细菌和残糖在一起，能使牙齿、牙缝和口腔里的酸性增加。牙齿经常受酸性侵蚀，就容易引起龋齿和口腔溃疡。

对青少年而言，吃糖过多还会影响视力和智商。因为糖在体内代谢需要维生素 B_2 参与，而糖本身不含维生素 B_2，故吃糖过多会造成人体维生素 B_2 缺乏。体内维生素 B_2 缺乏时，可使血液、神经或消化系统的组织内丙酮酸和乳酸等积蓄，从而抑制胆碱乙酰化酶，阻碍乙酰胆碱的合成，导致视神经传导障碍。因此，过量吃糖易发生神经炎，尤其是球后神经炎，使视力下降。此外，糖在体内与钙发生中和反应，致使体内钙大量消耗，钙元素的减少，又使眼球壁失去正常的弹性，眼球易伸长，引起轴性近视。德国法兰克福的一名医学博士研究发现，儿童多食糖果和甜食，必然会降低食欲，一日三餐大受影响，结果减少了蛋白质和维生素的吸取量。他说，在儿童时期，脑是身体发育最旺盛的部分。但如果缺少蛋白质和各种维生素，就会使脑发育迟缓，智商不高。因此，不要一味地让孩子吃糖果，以免影响脑部发育。

经常过多吃糖能使人发生营养不良和贫血。每1克糖在体内经过氧化可产生16.5千焦耳热量，所以能代替一部分饭菜，减少食量。这样做，身体所需要的总热量虽然够了，但身体所需要的其他营养素，如蛋白质、脂肪、矿物质、维生素、纤维素等就不够了，会引起营养失调，天长日久，就会发生营养不良和贫血。

糖是人们日常生活中不可缺少的一种食品。那么究竟每人每天吃多少才合适呢？近年来国内外比较一致的意见是：一般情况下，以每天每千克体重控制在0.5克为宜。这样才有益健康，避免某些疾病。

此外，值得注意的是，白糖也不宜"生吃"。

摄入的糖分怎样才是最合理的呢？当然是以不损害到自己的身体健康为标准了。在这个标准下，有节制地进食含糖食品，尽量不要多吃，才是比较明智的做法。青少年可以到医生那里咨询一下，看看自己体内是否缺糖，然后再根据医生的意见，纠正自己的饮食错误。

值得注意的是，即使含糖较少的食品，也不宜多吃。平时对含糖食品的诱惑一定要保持清醒的头脑，万不可因贪一时口福，而把自己的身体搞坏。事实上，主食中提供的糖分已经足够一个成年人的需求，所以，养成一个良好而且规律的就餐习惯，合理而且适量地进食主食就可以满足你的需要了。

冬日多晒太阳

夏天的太阳火辣辣的，不过听说紫外线杀菌，也去赶"日光浴"的浪潮；冬天气候寒冷，好不容易出太阳了出去晒晒吧，阳光这么好，多晒一会儿也无妨。真的是这样吗？

太阳给大地送来了温暖，一年春、夏、秋、冬四季各地的冷热炎凉程度不均。夏天，阳光中的紫外线强，容易损伤皮肤，爱漂亮的姑娘出门擦防晒霜，戴草帽，预防紫外线的辐射。冬天，紫外线强度减弱，对人体基本没有什么伤害。而且，天气寒冷，人们在户外活动少了，接受

紫外线不足，这时候，更需要人们多晒一晒太阳。因为适量的紫外线能促进钙质的吸收，对预防骨质疏松、佝偻病有好处。现在，青少年一天到晚坐在教室里，很少有与阳光亲密接触的机会，体育活动又少，对健康不利。医学研究表明，每人每天至少应该接触20～30分钟的阳光，特别是早晨的太阳对人体大有好处。

虽说冬天晒太阳对增加人体皮肤和内脏器官的血液循环、提高造血功能大有裨益，特别是在防治儿童佝偻病和成人骨质疏松症方面，有着特殊的疗效，但是随着近几年全球气候的变化，过去常被人们说是无价之宝的冬天的太阳，现今却猛于虎。

气象学家指出：聚集在25～40千米高空的大气臭氧层，除了受到来自太阳活动和宇宙活动的影响冲击外，其本身的浓度和分布，以及臭氧分子结构，是"随纬度、季节和天气等变化而变化的"。但由于人类近百年来对大自然生态环境的破坏，导致整个高空大气层巨变，南北两极的臭氧空洞越来越大。臭氧层衰竭问题，已成为当今世界最突出、最棘手的环境问题之一。

正常情况下，当太阳辐射穿过地球上空的臭氧层和大气层时，波长短的宇宙射线、γ射线、X射线和部分紫外线就被臭氧层一一吸收掉（达99%），而另一部分则被大气层中的尘埃和水汽吸收和反射掉。正因为如此，臭氧层才被世界天文科学家誉为"人类生命的第一卫士"。而今太阳上所有的辐射能量却直接穿过电离层和地球磁层，长驱直入，射向地表，给人类带来莫大的威胁。"大气中能吸收紫外线的臭氧浓度是随季节变化的，冬天最低，所以冬天的太阳易诱发肿瘤病"，从这个意义上讲，至少在目前"冬阳猛于虎"！

天文医学认为：人类的许多疾病都与太阳有关。过度的紫外线侵袭，轻则使人反应迟钝，记忆力、注意力和视力均会下降，易激动、焦躁、失眠，突发感冒，促使血栓过早形成，导致早衰；重则诱发心脑血管病、白血病、皮肤癌和肺癌等恶疾。国外有识之士说：冬季阳光中的近紫外线给人的致命打击是全面降低人体正常免疫功能，并酿变成"病毒新变种"和"病毒连锁效应"！

我们知道不科学的日光浴会给身体造成损害，因此，冬日晒太阳要讲究科学的方法。一天中，有两段时间最适合晒太阳。第一段是上午6~10时，此时红外线占上风，紫外线偏低，使人感到温暖柔和，可以起到活血化瘀的作用。第二段是下午4~5时，此时正值紫外线中的a光束占上风，可以促进肠道钙、磷吸收，有利于增强体质，促进骨骼正常钙化。

不论是哪个季节，上午10时至下午4时，尤其是中午12时至下午4时，最忌长时间晒太阳，因为此时阳光中的紫外线是r光束和B光束占上风，会对皮肤造成伤害。此外，从度量概念上讲，每天坚持晒太阳不少于30~60分钟，即可平衡阴阳。晒太阳时最好穿红色服装，次选白色服装，禁忌黑色。

放大耳机音量

有些人听音乐总爱把音量放得很大，殊不知，美妙的乐曲此时已成为噪声。医学专家研究指出，如果在80分贝的环境中工作或生活5年，人的听力将下降10%左右。环境中持续的巨大噪音，能导致诸如神经错乱、睡眠障碍等。因此，千万别小看了噪声这个健康的"杀手"。

专家指出，长期在噪音环境中生活的人说话声音会越来越大，而导致听力受损的肇事者，就是无处不在的耳机。耳机极易导致听力下降，听力下降会给患者的生活带来极大不便，在每人身上的表现也不一样，

常见的症状有听不清声音、谈话反应迟钝、经常误听误解、群体交流困难，心理上缺乏自信、胆怯、焦虑、自我封闭，从而容易紧张、疲劳等，严重者会造成永久性听力损伤。

事实上，听不清别人说话就是听力受损的表现。比如打电话时觉得一侧耳朵不大好使、习惯性地把电视机音量开到很大、别人抱怨你是个大嗓门儿等，都可能是听力开始减退的迹象。一般来说，40 岁以下的人听力是正常的。但是由于药物、遗传、疾病、噪声、意外事故等原因，年轻人也会发生听力减退甚至耳聋的现象。正常情况下，人耳对超过 85～90 分贝的声音会感到不耐受，如果音量超过 100 分贝，足以使人体内耳的毛细胞死亡，造成听力丧失。而有些人听随身听时的音量高达 115 分贝，这种高强度、高能量的声音就好像一阵阵巨浪通过外耳道传到内耳，冲击听力中枢耳蜗，导致听力损伤。

一般来说，两人交谈的声音为 60 分贝，人的听觉能承受最强的声音为 90 分贝，但一些舞厅、游戏机房的声音强度超过 115 分贝。许多青少年在听"随身听"或看电视时习惯把音量开得很大，喜爱去音响很大的舞厅或游戏机房。其实，这是一种不被注意的声音污染，因为较长时间受到声音污染，人的听觉功能受到损害，轻者听觉能力下降，重者完全失去听觉能力。许多青少年从舞厅出来，都出现明显的昏眩感和头痛，这是声音污染的结果。

有关专家指出，使用 MP3、随身听等的耳机时，调节声音过大、每次听的时间过长会震荡内淋巴液，影响听觉神经，植物神经功能也会紊乱，除了耳鸣，严重的还会失眠、月经失调等。如果你向专业听觉矫治师咨询怎样使用耳机才能达到保护耳朵的目的，他可能会建议你最好不用耳机。因为最安全的方式当然也是最保守的。但是这并不是说年轻朋友不要听 MP3、随身听等，而是要健康使用。

首先，耳机要选择质量佳、杂音小、音量可自由灵活调控的。其次，音量最好控制在 80 分贝以下，不要总听摇滚音乐，可以多听些轻音乐，以感觉舒适悦耳为宜。再次，戴耳机收听的时间不要超过 1 小时，这个数字可能让人沮丧，那就让耳朵决定吧，超过限度它肯定会抗议。

▉▉▉ 手冻僵了，在火上烤一烤

屋外还飘着大雪，你已经迫不及待想要出去和小伙伴们打雪仗、堆雪人，直到临近中午，妈妈叫你回家吃饭。你摘下又冷又湿的手套，看着自己快冻僵了的小手，准备用热水烫烫，或者去火炉边烤烤，你觉得这样手能很快暖和起来，也不会那么僵硬了。可是不一会儿你会发现手有些发紫，还伴有丝丝的疼痛感，怎么回事呢？

像你一样，许多人都有这样的体会，天冷时手冻僵了，如果马上在火上烤一烤，或在热水里烫一烫，皮肤会立即由白转红，最后发紫，不但有胀疼的感觉，而且容易生冻疮。

皮肤遇到冷，表面血管首先开始收缩起来，这样可防止身体里的热气散失。如果几分钟以后恢复温暖，血管又逐渐舒张开来，并回复到原来的状态。

如果继续冷下去，不但表面的血管继续收缩，而且深层的血管也开始收缩，因为收缩时间过长，血管处于痉挛状态，结果血液流通不畅，皮肤发白，手会发冷发麻。这个时候如果马上把手放在火上烤一烤，或在热水里烫一烫，结果是表面血管又舒张开来，而深层血管仍然处在痉挛状态，血液流通仍然不畅，就会有胀疼的感觉。

如果继续烤下去或烫下去，血管继续扩张，血液不断向这个地方集中，但是回流不畅。结果皮肤颜色先由白转红，再由红变紫，这由充血

41

现象变成阻血现象。因为血液回流不畅，组织缺氧，同时废气如二氧化碳不能排出去，最后皮肤可能会生冻疮，还会溃破。

那么，手冻僵了应该怎么办呢？手冻僵了，千万不可以在火上烤或在热水里烫，应该首先回到温暖的地方，使手的温度逐渐升高，而不要突然升高。最简单的方法是用手互相搓搓，加强血液循环。

学习篇
XUEXI PIAN

脑子越大越聪明

"脑子越大越聪明",许多人都这样说。对此,连小说家写小说时也不忘记这一点。在《蓝宝石案》里,侦探福尔摩斯根据一顶拣来的帽子,就推测帽子的主人"是个学问渊博的人",理由是:"有这么大脑袋的人,头脑里必定有些东西吧。"

让我们来看些例子:一个因"外颅扩张"而有比常人大一倍脑袋的人,能熟记《百科全书》,能记住《圣经》中的每一个字,能记住北美地区几乎每一个电话号码。一个名叫雪莉·杰曼的姑娘,1995 年时 21岁,并没有受过高等教育,但聪明过人,有过目不忘的本领,她能连续两个多小时背诵《圣经》,也懂得爱因斯坦的相对论。可她经常头痛。医生们在找她头痛原因的过程中,发现她有三个完整的脑子。

"脑子越大越聪明"这种说法起源于 1832 年,因为当时法国的学者在解剖已故动物学家居维叶时,发现他的脑子要比一般人的平均脑量重

400 多克，而居维叶曾被选为法国科学院院士，写过《地球表面的生物进化》和《比较解剖学教程》等众多著作，是在科学史上占有一席之地的著名学者。再加上颅相学的宣传，"脑大聪明"之说就流传开来。的确，从整个动物界来看，脑子的大小和智慧的高低有一定的关系，但并不是"脑重决定一切"。

许多人认为："脑子越大越聪明。"这种说法看起来似乎有一定的根据：在从猿到人的进化过程中，脑量是逐渐增加的。大猩猩脑重不足 500 克，南方古猿脑重 700 克，北京猿人脑重 1075 克；现代人，男人大脑平均重 1325 克，女人脑重 1144 克。这说明，高度的智慧同发达的脑是分不开的。

然而，脑量的大小并不能完全代表智力，除了"量"以外，还有一个质的问题。例如：鲸和大象的脑量都比人大，鲸的脑重有 7000 克，象的脑重有 5000 克，海豚的脑重有 3000 克，都比人脑重得多，虽说鲸、象、海豚也很聪明，可它们的智力与人类却无法相比。再以脑量比较而论，长颈鹿的脑重是 700 克，狗的脑重仅 70 克，而狗的智力绝不比长颈鹿差。

同理，尽管男人的脑量比女人的重，但如今已没有几个人相信"女比男笨"的论点了。英国遗传学家安妮·莫伊尔则认为，男孩长于学习数学，女孩长于学习语言。女孩的同情心和理解别人的本领往往高于男孩；男孩做事比较专一，手眼运动也胜于女孩。如果说智力上有些许差别的话，也是后天环境造成的。

一些著名的科学家和文学家的脑量差别很大的事实，也有力地说明智力高低不决定于脑量的大小。例如：俄国作家屠格涅夫脑重 2012 克，而法国作家佛朗斯的脑重仅 1017 克，英国诗人拜伦的脑重也不大。谁能认为佛朗斯和拜伦不聪明呢？据解剖学家研究结果，爱因斯坦的脑量并不是很大，但他大脑里的神经胶质细胞比一般人的多约73％。医学史上也曾记载：一个脑量达2850克的人，竟然是个什么也不懂的智力障碍者。狼孩的脑量并不小，可是智力极低。有个活了70岁的狼妇，外形与一般人无异，脑子也不小，但她的智力不及3岁小孩。这些例子都说明，在先天遗传素质中，聪明是否，既有脑重量的因素，又有脑质量的因素。

综合各方面的研究可以这样认为，脑大与智慧高低没有绝对的联系，智慧高低与多种因素相关。大量的研究都证明，决定一个人聪明才智的，除了先天的遗传素质外，更要靠后天积极的学习和劳动，靠不断的实践和思考。如果说脑与智慧有某些关系的话，那这种关系也只具有相对的意义。

多和"聪明"的孩子交往

有时候常会听到一些父母这样训斥孩子："不要和笨小孩一起玩！"他们希望孩子结交"聪明"的朋友，这些家长认为"聪明"就是学习好，多和聪明的孩子交往，自己的孩子也会变得聪明。

你是不是也把妈妈的话记在心里，下课后你会主动亲近学习好的同学，而那些学习相对落后的同学，你觉得和你没有可比性，从他们身上学不到什么东西。但是时间长了，你是不是觉得自己根本没有变聪明，而且和同学间的关系也变得不好了呢？

现代社会要培养的不只是聪明的孩子，更要培养德智体美全面发展的孩子。聪明固然很好，但事实证明有很多人他们虽然不聪明，却得到了许多人的爱戴、追随，这是什么原因呢？其实这是人心里一种

很自然的"依附感"，我们总是喜欢和对我们好的人交往，就是这个原因。古往今来，良好的品质可以得到他人的认同和肯定。我们说讲美德，那美德从何而来呢？从生活、学习中的小事做起，尊师重友、爱护同学、不欺凌弱小，诸多优秀的品质也会为你在同学之间赢得一个好口碑的！

至于孩子变聪明，并非瞬息间即可改变的事情，这是一个长久的过程，无论是家长还是孩子都要有信心，坚持不懈，持之以恒。

据英国研究人员测定，不吃早餐的儿童，营养成分的获得要比吃早餐的儿童低 10% ~ 15%。不吃早餐，营养跟不上，智力怎能不遭受损失？所以美美地吃上一顿营养丰富的早餐，是让自己变聪明的一小步。

法国科学家发现：孩子的学习成绩与睡眠时间长短关系密切。凡睡眠少于 8 小时者，61% 的人功课较差，勉强达到平均分数线者仅占 39%，无一人名列前茅；而每晚睡眠 10 小时者，76% 中等，11% 成绩优良，只有 13% 功课较差。由此可知，保证充足的睡眠也是让孩子变聪明的因素之一。希望看到这些的青少年们，赶快丢掉熬夜、晚睡的习惯。

此外，运动也能帮助提高智力。美国一位博士的研究显示，凡坚持每天持续 20 分钟的跑步、健美操等运动的学生，其学习成绩明显优于那些疏于运动者。

另外，给自己补补脑，多吃"补脑食品"吧。大脑细胞在代谢过程中需要大量的蛋白质来更新，注意膳食中蛋白质的质和量，就能提高脑细胞的活力。营养学家提倡：理想的动、植物蛋白质比例为 1:2。在动物蛋白质中应多食海鱼、海虾类，在植物蛋白中应选食大豆类。卵磷脂是构成神经细胞和脑代谢的重要物质，对增强大脑记忆力大有好处，父母应让孩子适量摄入动物脑、骨髓、蛋黄、大豆等。科学家在研究微量元素与智力的关系时发现，成绩好的学生体内血锌含量明显高于学习较差的学生。富含锌的饮食包括：海产品、动物肝脏、瘦肉、坚果等，父母应适当给孩子多补充。

总之，有很多因素影响孩子智力的高低，而不应该单纯地归结为"多和聪明的孩子交往"。青少年要及时避开生活中的这个误区，努力通过多种科学方法提升自己的智力。

分数越高能力越高

如果你没有考好，是不是也在想"我的能力永远也比不上别人"？你也赞同高分的学生能力一定比低分学生强吗？

张孟苏445分的成绩在国内只能上"三本"，却因在招生咨询会上乐于助人，被新加坡老师慧眼相中，"意外"获得20万元奖学金。诚然，她的分数不高，但她曾获得全国青少年机器人大赛二等奖，全国网络英语综合技能三等奖，全省书信作文大赛一等奖，英语口语三级……综合素质如此高，使她成为学校的"活跃分子"，同龄人中的"强人"；交往能力出众，朋友遍天下。

这是典型的"低分高能"女生被国外大学录取的例子。2006年，在国际中学生创新成果展中，山东师范大学附中高三学生潘立群发明的可解决交通中色觉障碍的交通信号灯，获得"最佳国际项目奖"，从此他获得了"创新少年"的美誉。然而他同年高考成绩仅有379分，最后山东大学破格录取了他。香港考生陈易希，2005年因发明"智能保安机器人"夺得"国际科学与工程大奖赛"二等奖，2006年会考期间获香港科技大学破格录取。我国著名的文学家、科学家，几乎没有状元出身的，有不少连举人都不是。外国的例子，也可以举很多，除了爱因斯坦、爱迪生，还有牛顿、达尔文、托尔斯泰、瓦特、拿破仑、贝多芬、罗丹、丘吉尔，他们均属"低分高能"的人物。这些都是世界一流的人才，但上学期间得不到学校的认可，可见分数与能力不成正比。

"能力"是指解决实际问题的技能、技巧和本领。能力强，就是会做事、做事效率高。现代社会，对人们的能力提出了越来越高的要求，能力低，就很难生存，更谈不上发展。因此，能力对现代人来说是很重要的。"分数"是评定学生学习成绩的数字。它是对学生学习状况的重要评价指标，特别是在升级、升学时，往往起着决定性的作用。要说分数一点儿也不重要，那谁也不相信。

取得"高分"和"能力"强并不完全重合，取得高分的能力是应试能力，应试能力不等于实际本领。而且人的精力是有限的，皓首穷经搞应试的人，肯定难以有更多的时间去接触实际，难以有更多时间去探索，即使他们很聪明，也往往只能顾一头。爱因斯坦就因为厌恶德国学校里的清规戒律和死记硬背的教学方法，在15岁那年辍学，但这些丝毫没有阻止其能力的发挥。有些人既有能力又善于考试，这当然不简单。

"知己知彼，方能百战百胜"，现在你知道自己没有考好其实不是自己能力不行了吧，我们知道分数的高低与很多因素有关：时间、效率、方法等。首先要找到自己没有考好的原因，是马虎还是自己不会，找到问题所在，然后通过合理科学的方法提升成绩。只提升分数还不够，还要提升你的能力，毕竟最后社会检验的是你的能力。青少年要注重实践和动手能力的培养及提高。

没考好是因为不努力

很多青少年都会有这样的想法：我为什么没考好？是因为我不努力。美国临床心理学家贝克认为：人们是按照各自的习惯方式去认识自己和世界，根据自己对事件的判断和解释处理事情，用自己构造的想象和预期推测事情的发展和未来。而内外环境信息多种多样，或信息过少，或含糊不清，或短期内信息过多，都造成了信息加工系统紊乱或认知曲解的可能。焦虑患者往往用片面的方式解释境遇或推测未来的变化。

有一个女孩，初中时她拥有非常傲人的成绩，所有人都说她考上重点中学没有任何问题，但结果，她并没有考好，勉强过了某所重点高中的分数线，她想"一定是我不够努力，别人学习的时候我一定在玩儿"。

后来她发奋努力，和别人一起追时间、赶时间，甚至付出比别人更多的努力。高一期中考试，她考得很不错，在班上排名前几位。但谁想到，她期末考试竟然比上一次下跌了好几名。面对越考越差的成绩，她油然而生一份深深的挫败感，学习的自信心都没有了，觉得自己不够努力，脑子太笨了，不是学习的料。期中考试后的加班加点换来的结果竟是这样，她真的无法接受，感觉自己整天精神恍惚，都快要崩溃了。

通过前面的案例，我们感受最深的是，在以往的学习过程中，我们常关注的是那些缺乏学习目标、学习动力不足的学生，而对那些很努力却获取不了好成绩的学生而言，只是痛惜他们的努力，觉得他们没有掌握适合自己的学习方法，在如何调整他们的学习模式上，却感到难以入手。通过这个案例才知道，学习动机过强所造成的情绪障碍危害也不浅，它不但会降低学习效率，而且比学习动机不足更能导致心理的困扰与不

适，这类学生在投入大量学习时间的同时，还导致了他们更大的心理负担。

心理学家研究表明，这名女孩子在学习中表现出了过强的学习动机，并由此产生较严重的情绪障碍，其根源在于女孩存在一些不合理的信念和认知模式。

适当的学习动机对学习有促进作用，而过强或不足的学习动机，对学习产生的却会是负面影响了。学习动机过强，目标不切实际，学习方法不得当等问题，常会导致情绪障碍。这种不合理情绪主要有三种特征：

（1）凡事绝对化——这指人们以自己的意愿为出发点，对某一事物怀有认为其必定会发生或不会发生的信念，它通常与"必须""应该"这类字眼连在一起。当事物发生与其对事物绝对化要求相悖的情况时，他们就会接受不了，感到难以适应并陷入情绪困惑。

（2）过分概括化——这是一种以偏概全、以一概十的不合理思维方式的表现。过分概括化在面对失败或挫折时，会将自己评得一无是处，结果常常导致自责自罪、自卑自弃的心理，引发焦虑与抑郁情绪的产生。

（3）糟糕至极——如果一件不好的事发生了，将是灾难性的，这种认知会导致个体陷入极端不良的情绪体验的恶性循环中难以自拔。

遇到学习动机过强的学生，要调整他们不合理的认知信念，而面对学习动机不足的学生应该怎么办呢？专家认为，学习动机不足与学业成就有关。阿特金森说过，"成就动机"是"希望成功"与"恐惧失败"这两种心理此消彼长的结果。学习动机强的学生敢于选择比较困难的学习任务，以期获得成功的快乐；而学习动机不足的学生，他们在学业上不思进取，实质是避免面对失败的痛苦，所以这类学生要从"小胜"中获得成功体验，以此来激发自己的"成就动机"。

首先，树立明确的目标。学习目标是引起学习动机的好办法，学生只有知道学习目标及学习活动的价值，才会产生学习的需要，从而全力以赴地去学习。还要了解学习成绩，明确自己进步的成绩，也是引起学习动机的有效方法。

其次，给予自己积极的鼓励。正确的评价、适当的表扬是对自己成绩与态度的肯定或否定的一种强化方式，它可以激发学生的上进心、自尊心、集体主义感等。对孩子而言，表扬与鼓励应该多于指责与批评，但要注意，过分的夸奖会造成学生骄傲与忽视自身缺点的倾向。在责备时也要采用巧妙的方式，在表扬时指出进一步努力的方向，批评时又肯定其进步的一面。

再次，给自己一个合理的期望值。期望亦称期待，它是人们主观上的成功概率，是人们对自己或他人行为结果的某种预期性的认知。期望过高，达不到情绪就会失落；期望过低，会使学生讨厌与逃避学习。

总之，人生中大考、小考无数，对考试成败的认知一旦出现偏差，就不能很好地面对考试，也就无法做好考前的准备工作。所以广大的青少年朋友要及时调整不合理情绪。

学习时间越长学得越多

我们经常看到这样的情况：某同学学习极其用功，在学校学，回家也学，加班加点，不时还熬熬夜，但成绩却总上不去。本来，有付出就应该有回报，而且，付出的多就应该回报很多，这是天经地义的事。但实际的情况却并非如此，这里边就存在一个效率的问题。效率好比学一样东西，有人练 10 次就会了，而有人则需练 100 次。

由于学习紧张，很多学生成天披星戴月地赶着去上学，一天也就能

睡六七个小时。据 1999 年中国少年先锋队全国工作委员会与中国青少年研究中心的一项调查表明，全国约有半数的中小学生睡眠不足。这项调查还显示，46.9% 的中小学生没有达到国家规定的睡眠标准（9 小时），其中小学生和初中生天天睡眠不足 7 小时的占 8.2%；7 小时的占 12.6%；8 小时的占 26.1%。长期睡眠不足会对人造成极大的危害。一项实验表明，一个人 24 小时不睡觉，就会头昏脑涨，反应迟钝；48 小时不睡觉，就会思维混乱，行动迟缓；72 小时以上不睡觉，就会视觉模糊，甚至会昏倒，失去知觉，危及生命。长此以往，学习效率又怎会高呢？

青少年要合理安排时间，如果能在学校完成的作业尽量在学校都完成，这样可以保证不用加班加点赶工。休息好了，学习效率自然就高了，作业的质量也会好。如何合理安排时间保障效率的最大化呢？

（1）要制订好学习计划。要正确利用好每天、每时、每刻的学习时间。平时，同学们要养成这样一种习惯，每天早上起来就对一天的学习做个大致的安排。上学后根据老师的安排再补充、修改并定下来。什么时候预习，什么时候复习和做作业，什么时候阅读课外书籍等都做到心中有数，并且一件一件按时完成。一般来说，早晨空气清新，环境安静，精神饱满，这时最好朗读或者背诵课文；上午要集中精力听好老师讲课；下午较为疲劳，应以复习旧课或做些动手的练习为主；晚上外界干扰少，注意力容易集中，这时应抓紧时间做作业或写作文。这样坚持下去，同学们就会养成科学利用时间的好习惯。

（2）要安排好自习课时间。自习课如何安排？不少学生都是把完成作业作为自习的唯一任务，几乎把所有的自习时间都用到做作业上了。这样安排是不妥当的。因为在还没有真正弄懂所学知识时就急于做作业，这样不但速度慢，浪费时间，而且容易出差错。所以，在动手做作业之前，同学们应安排一定时间来复习所学过的知识。俗语说："磨刀不误砍柴工。"对知识理解透彻了，思路开阔了，作业做起来就会又快又好。此外，做完作业后，还要安排一定时间预习，了解将要学习的新课的内容，明确重点和难点，这样就能有的放矢地听好课，提高学习效率。安排自习课时，还要注意文科、理科的交叉，动口与动手的搭配，而不要一口气学习同一类的科目或者长时间背书和长时间做练习，这样容易使人疲劳，会降低时间的利用率。

（3）学会牢牢抓住今天。为了充分地利用时间，同学们还要学会"牢牢抓住今天"这一诀窍。许多同学有爱把今天的事拖到明天去办的习惯，这是很不好的。须知，要想赢得时间，就必须抓住每一分、每一秒，不让时间白白度过。明天还没到来，昨日已过去，只有今天才有主动权。如果放弃了今天，就等于失去了明天，也就会一事无成。

因此，希望同学们从今天做起，好好安排和珍惜每分每秒的时光。①学习时间的安排要服从内容。学习有主次、详略之分。因此，要根据学习内容合理地安排时间，才不使时间浪费。比如，每天回家先把当天的作业完成，再利用剩下的时间预习、复习。②充分利用零星时间。零星时间看似很短很短，但集腋成裘，聚沙成塔，将零星时间集合起来，就是宝贵的整段时间。③提高时间的利用效率。一天的时间里，人的精力不可能从始到终都保持同样的旺盛。根据自己的特点，分出轻重缓急，合理分配时间，可获得事半功倍的效果。比如，早上起来利用洗漱时间听听英语，晚上睡觉前看一看有意义的课外书。另外，要注意劳逸结合，这也是保证时间利用效率的一个重要方面，就像橡皮筋，老是拉扯它就会失去弹力，只有适当地放松，弹力才不会失效，实际大脑也一样，只有会休息的人才会学习！

总之，合理安排好学习的时间，终有一天你会发现，付出比别人少的时间，却收到了相同的功效。

边吃饭边学习

　　面对紧张的初中、高中生活，你是不是也眼睛盯着书本，口里嚼着饭菜呢？你觉得一心可以二用，既能学习又能吃饭，花一样的时间做两件事情很超值，或者你觉得这样对身体没有什么危害。

　　人在进食的时候，几乎全部消化器官都活动起来，大脑参与唾液腺、胃及胰腺等分泌消化液的工作，食物的气味、颜色、形状及进食时的声音刺激人的嗅觉、视觉及听觉，反射性地促进胃液、胰液的分泌。消化液大量分泌，血液也会集中到消化器官里去。如果一边吃饭一边看书报，注意力集中于书中的故事或图画，则食物对大脑的刺激就减少，胃液及胰液的分泌减少，胃肠蠕动也相应减弱，影响了胃肠对食物的消化和营养物的吸收。

　　吃饭的时候，除了美味的食物、饥饿的感觉和定时吃饭的习惯能增进食欲、促进消化液的分泌外，大脑也能影响消化液的分泌和食欲的大小。如果大脑被其他情绪或工作分散了注意力，就会抑制消化液的分泌。一旦消化液分泌减少，食欲就会慢慢降低。吃饭的时候看书报，就是一心两用，既要记得看的，又要消化吃的，这使得胃肠不能得到充分的血液，消化工作就容易停滞。

　　此外，就餐时胃肠接纳食物，使食物与消化液混合成食糜，再通过蠕动让食糜向下运行。这时，胃肠的工作紧张而繁重，需要供应充足的血液。如果在吃饭时看书，大脑中用来记忆的部分就兴奋起来，也需要充足的氧气和营养。为了应付这一情况，流向消化道的血液就要分出一部分来供应大脑，结果使流向胃肠道的血液减少，影响胃肠道的运动和消化功能。这样，一方面妨碍了食物的消化吸收，另一方面，大脑得到的血液也不足，满足不了需要，看的书也记不住，时间长了，记忆力就会减退。

我们常说"一心不能二用"，所以吃饭的时候，一定要专心，不但不能看书报，或做其他事，更不能在饭桌上吵架。还有，饭前用脑过度也会刺激兴奋交感神经系统，抑制肠胃蠕动，减少消化液的分泌。所以，在饭前也要放松，不能让脑子太紧张。一定要保持愉快的心情，免得脑力负担过重，无力消化胃中食物，造成消化不良。饭后也应该稍稍休息一下，好让吃下的食物很好消化和吸收，尤其是不要做剧烈的运动。但每个人可以根据自己的情况，做适量的运动，例如散步，还是可以做的。

只顾学习不重兴趣

当代学生大多都面对一个这样的问题，就是把学习看成一种负担、一种任务，"学生的使命是学习"，不管有没有兴趣都不重要，或者如果你不喜欢某一科，也很难有办法改变。

这就使得学生的成绩总是不理想，从而也造成了家长、学生、老师的烦恼。那么我们如何摆脱这种困境呢？

我国的教育家孔子在 2000 多年前就曾说过："知之者不如好之者，好之者不如乐之者。"心理学研究表明，兴趣是人对事物的一种向往、迷恋、积极探索追求的心理倾向。兴趣是一种特殊的意识倾向，是学习的情感动力，是求知欲的源泉。培养学生的学习兴趣至关重要，只有他们对学习感兴趣了，他们才能主动地、快乐地学习，我们再对他们进行正确的引导、点拨，最终会起到事半功倍的效果。学生只有对学习产生了兴趣，才会积极主动地去寻幽探胜。

在现实中我们常常听说谁家的孩子学习如何刻苦，让那些不爱学习的孩子的家长羡慕不已。如果我们找到那个刻苦的孩子问一问，就会发现，他并没有觉得自己学得很苦，甚至还觉得自己学得很快乐呢。那么如何培养青少年的学习兴趣呢？

（1）注意获取成就感，培养自信心。

学习时，直接去抓一些趣味实验还是很难的，这毕竟不是很多、很好找，花去的时间也多。注意获取成就感很关键。学习中做出自己觉得很难的题，高兴；掌握了一种别的同学可能不会的方法，快乐……尤其当积少成多，考试取得了好成绩时，那种感觉是十分令人欣慰的。有个学生，由于注意培养自己的成就感，初中三年的成绩都名列前茅。

（2）注意利用奇巧的实验、现象，来培养兴趣。

我们不能把它作为重点，但也很关键。不要花过多时间，但发现了要及时地感受其中的奥妙，从而促进学习，培养兴趣。

（3）要学会欣赏。

无论文科、理科，都有美的因素在里面。在能够掌握一定程度的时候，你就能感受到它的美了。自己去注意发掘、品味，就会感受到它的美丽、它的情趣、它的吸引力……

著名科学家笛卡儿有一句关于知识的形象比喻，他说，一个人的知识就像一个圆，他感到不知的东西就像这个圆的圆周，当他一无所知时，这个圆只有一个点，而圆周也只有一个点，这时他感到自己无所不知，圆越大表示他的知识越多，圆周则越长，说明他感觉自己不知的东西也越多。将这个比喻改造一下来说明兴趣也十分贴切：一个人的知识就像一个圆，他对世界的兴趣就像这个圆的圆周，这个圆越小，圆周也就越短，圆越大，圆周也就越长。就是说他的知识越少，对世界的兴趣就越小，他的知识越多，对世界的兴趣就越广。这个比喻说明了兴趣与知识的关系。反过来，当一个人对世界发生兴趣时，就会促使他去探索去学习，从而增加他的知识，形成知识和兴趣的良性互动。

这个道理说明，学习一门科学的兴趣并不是从一开始就有的，强调兴趣对于学习的重要性，也不是说没有兴趣就不能学习。由没有兴趣到产生浓厚兴趣，需要老师的引导，有时需要学习到一定程度后才能对某一学科产生兴趣。在大学里，各种教科书的第一章一般都是概论，就是简要介绍这门学科的内容和学习的意义，意在引起学生的兴趣。概论讲得好，引起了学生的浓厚兴趣，这门课也就成功了一半。如果第一课没讲好，没有调动起学生的兴趣，下面的课就很难讲了，学生也很难真正把这门课学好。

我们常听说最好的教学方法是快乐教学。这种教学方法的成功之处就在于首先调动学生的学习兴趣，快乐的学习氛围不仅能够激发学生探索知识的主动性，有利于学生对知识的掌握，而且可能使学生对该学科形成终生的兴趣，这是产生大科学家的重要条件。

许多人对世界的兴趣来源于儿时。一个人儿时接触的东西有趣，会刺激他的好奇心，激发他求知学习的兴趣。连续不断的刺激会形成好奇的心理特征，可能形成一生的求知学习兴趣。因此，新奇而富于刺激的儿童文学作品对儿童好奇心的培养有重要作用。家长和老师对孩子提出的任何问题都应鼓励，即使再怪僻的问题也不应加以指责，切忌伤害孩子的好奇心。

佛家讲究"悟"，中国传统文化讲究"品"。只有真正品味到知识的美、奇、妙，你才会对这门学科产生兴趣，才能学好用好这门知识。

学习上急于求成

有些人在开展学习实践活动过程中，不能持平常的心态，总想急于求成，恨不得一夜间就能出现一个"奇迹"，好让老师发现自己，好让同学关注自己，好让家长称赞自己。故而不顾客观实际，不顾别人反对，刚愎自用，玩一些"险招""绝技"，来一些"惊人之举"，办一些有悖常理之事，结果弄巧成拙、适得其反。邓小平同志说过："科学技术是第一生产力。"加快、加速发展，敢想、敢冒出绩，也必须讲究科学——那就是要按客观规律办事，任何违背客观规律的心态、言行都将以失败而告终。

一些重视对孩子进行早期教育的家长也许会有这样的体会：有的知识不管怎么教孩子也学不会。是自己的孩子太笨吗？还是自己的教育方法不得要领？其实，家长没有必要为此忧虑。孩子知识技能的增长不仅仅是教育的结果，它还与儿童自身心理的自然发展有关。教育不是万能的，不到一定的时候，有些知识技能孩子确实学不会。

美国耶鲁大学教授、著名儿童心理学家格塞尔曾经做过一个著名的双生子实验。他在实验中训练一对双生子学习攀登一种梯子。双生子 A 是从 46 周开始训练，双生子 B 是从 53 周开始训练。A 尽管先开始训练，但在46～53 周之间进展缓慢，而 B 从 53 周后很快就赶上了 A 的水平。

格塞尔的实验说明：青少年儿童的心理主要是一个自然而然成熟的过程，教育不能改变发展的主要时间进程。只有在他们心理成熟到一定程度的时候，教育才能使发展有所加快。而在时机未到的时候，教得再多作用也不大。

那么，在什么时候把某种知识技能教给孩子合适呢？前苏联的儿童心理学家维果斯基提出了"最近发展区"的概念。他指出，在青少年儿童心理发展的同一时期有两种水平：①他们不借助外力自己已经能够达到的；②在外界帮助（也就是教育）之下能达到的。而两种水平间的区域叫做最近发展区，最近发展区代表了青少年儿童通过教学可能发掘出的潜力，在此区域内的知识技能孩子才能学会。

最近发展区也是一个动态的区域，它随着儿童的成长也一步步地推进，家长应当了解孩子的能力水平，对孩子"跳一跳，够得着"的方面给予教育指导；而对孩子怎么跳也够不着的方面就不要心急，应该耐心等待，让孩子准备，到孩子思维发展到一定程度、并做好了准备时，再教不迟。而想通过教育跨越儿童发展的必经阶段，只能是揠苗助长。

我们知道"人往高处走""不想当将军的士兵不是好士兵"这些流芳千古的锦言妙句，是激励人们眼光要高瞻，志向要远大，不能目光短浅、胸无大志。但志向远大并不等于好高骛远，志向是必须建立在一定的客观现实基础之上的，凭感觉、凭推测、凭运气、凭"八字"、凭幻想不可能实现自己的志向，也不符合辩证唯物主义的基本规律。我们学习实践科学发展观，必须从眼前做起，从现实做起，一步一个脚印地按科学发展的规律办好自己的事，干好自己的工作，建好自己的家园。切忌想入非非，不管现实基础、条件允不允许，搞一些可想而不可现、可望而不可即、可知而不可能的虚无缥缈的东西，最终因好"高"而忽"低"，骛"远"而舍"近"，高的、远的得不到，低的、近的也难求。

学习不是一蹴而就的，这是一项漫长甚至终生追求的事业，更不可心急，不可好高骛远，要摆正心态，脚踏实地做好每一件小事。

学英语只需背好单词

不知道大家有没有这样的感慨，就是单词背了一大堆，但是真正要用的时候却怎么也找不着合适的，写出来的文章翻来覆去就那么一点词汇，要表达复杂，或者再精确一点的意思的时候，怎么样都觉得别扭。上学路上，有人拿着词汇书边走边看；上楼梯时，有人抱着词汇书若有所思；课间休息，很多人争分夺秒记单词……

有专家分析，正是由于人们对于"多背单词"就能用好英语的片面认识，致使学习结果往往只是认识了一大堆"死"的单词，很难灵活交流，从而变成名副其实的"哑巴英语"。

中国人学英语，最常用的方法是背单词，甚至有人以能背出一本词典为荣。但是词典上的解释是死的，语言的运用却是活的，机械的理解会造成很大的误解。词典不是最重要的，关键在于语境。可以说，单词没有多少实际运用的价值，机械记忆的单词量再大，也不会真正提高你的英语水平。

学习英语的秘诀是：句子比单词重要。所以要养成背诵句子的好习惯，因为句子中既包含了发音规则，又有语法内容，还能表明某个词在具体语言环境中的特定含义。其次，不要学"古董英语"。任何语言都是活的，每天都会发展，学习陈旧的语言毫无新鲜感，而且基本无处可用。不鲜活、不入时、不风趣幽默的语言不是我们要学的语言，多读外文报纸、多看原版影视作品才会有助于补充新词汇。很多人以为，把单词拆成一个个字母背熟就可以正确地拼写出来，其实，科学的方法是把读音、拼写和用法融为一体，同步进行，眼口手脑并用，并把它应用到句子里面去理解。

背诵单词是学习英语的基础，但不是全部。如果单词积累不够，意思不清楚，又何谈学好英语呢？另外很重要的一点是，青少年在学习英语中有以下六个误区。

（1）只知其一，不知其他。刚开始学英语的时候，我们一般只记一个单词的一个词义和一种用法，而不去全面了解这个词的词义，也就是我们常说的一词多义和一词多用。由于有些同学在思想上还没有这种认识上的转变，背单词时还停留在一词一义、一词一用的阶段，尽管背了不少单词，做起题来仍然捉襟见肘、处处被动。

（2）只知大概，不知具体。由于英语考试多数题型采用多项选择形式，考生在学习过程中容易养成"只知大概，不知具体"的毛病。

（3）只知认词，不知辨词。认词是掌握词汇最基本的要求，光是知道一个词的词义是远远不够的，你还必须知道这个词与其他词，尤其是其同义词和近义词的区别。

（4）只知词义，不知使用。如果说认词和辨词是掌握词汇的初级阶段和中级阶段，那么用词便是掌握词汇的高级阶段。"高考英语难"的咏叹调之所以常挂考生嘴边，不是因为它要求的词汇量特别大，而是因为它逼着我们往深处发展。写作只需 100 个词，考生写的往往是些 Chinglish（中式英语）。出现这种情况，其根本原因是对词的用法掌握不够，一个句子、一篇文章不是词的简单组合，它要求词与词、句与句之间有一种协调，这就说明背单词重要，背单词的用法更重要。

（5）只能固定，不能变化。同学们往往碰到这样一种情况：一个词稍有变化马上就不识庐山真面目。

（6）只能机械，不能灵活。词典上的解释是死的，语言的运用是活的，如果只是机械地背单词、用单词，势必与考试的要求相去甚远。有

鉴于此，老师在课堂上应经常提醒同学们："词典的词义不可靠，语境才更重要。"可以毫不夸张地说，凡是真正认真做过翻译题的同学都会对词汇学习有一个全新的认识。

综合以上，学好英语背单词是前提条件，单词积累达标了，词汇应用熟悉了才能与人流畅的交流。

专攻某些科无碍综合成绩

一只木桶在装水，突然，它发现，同样多的水倒进别的桶里正合适，在自己这儿却总是溢出来，心里很不是滋味。这时，一个同伴告诉他说："知道吗，我们木桶的容量取决于最短的那块木板。你的木板绝大部分比我们的长，但是还有一根比我们的短。水装到这根短木板的高度，自然就会溢出来。所以不管其他木板多长，对于咱们木桶来说都是没有意义的……"

木桶原理的故事相信大家已经听过很多次了，可是偏科的同学们还是若无其事。每次发下试卷，总有人不无得意地说，我就一门课比较差，其他都是最高分！可是，弱点往往都是致命的，难道他们真的忘记了？

初中生特定的心理、生理以及课程的加重，家长、老师、接触的媒体和书籍的影响等，会使孩子对某一学科产生偏好或厌倦的心理，进而逐渐形成偏科现象。有的学生从小就喜欢阅读，语言能力较强，加上小学时强化的写作训练，对语文情有独钟；有的同学头脑反应迅速，对理科问题解决起来轻松自如，对需要大量背诵、书写的文科则感到枯燥无味。还有的同学甚至由于对所学科目任课教师的态度，进而影响到听课态度，从而反映到学习上的偏科。特别是中考的指挥棒对学生学习科目的导向作用，造成很多同学有意偏科，或是主动偏科。

表现在学习态度上，有的同学对不感兴趣的科目，用的时间不多，听讲不专心，作业糊弄，而在感兴趣的科目上花时间更多，进而造成不同科目成绩上的差异。还有的同学某个科目总是学不好，久而久之就对这个科目产生了恐惧心理和排斥心理，成绩也就越来越下降。一旦学生出现了弱势学科，如果得不到正确的帮助和引导，往往会越来越厌烦该学科。

比如中考，一个人的知识结构如果不够合理，他综合素质的提高就可能没有希望。没有人希望自己的短处暴露出来，而不暴露短处的唯一方法就是变短处为长处。

首先，正确对待自己的强科。优势学科几乎是你信心的全部来源，是它时时提醒你：我还很棒！为了让自己保持小小的得意的资本，就要保持自己的优势。这种保持是相对容易的，但是需要一个简捷高效的学习方案。你的强科会在战略调整中助你一臂之力。但是即便你很喜欢你的强科，也一定要制订计划，并且让你的爱好服从全局。很多时候人是不能随心所欲的。有同学说，我真是太喜欢数学了，我多希望天天上数学课啊。我宁可连续做一天数学，也不要学一小时英语！于是，时间就这样献给了数学，正是这种不合理的时间安排和学习态度，让你对自身的弱势置若罔闻。

其次，重新认识自己的弱科。自己不感兴趣的学科究竟是什么？为什么不感兴趣？很多时候，我们在没有了解一门学科之前就有了先入为主的恶劣印象。我们会因为对某个老师的偏见而对某个学科冷淡。对于弱科，可能你只是没有好好学过，一旦你知道了它在讲什么，你会无比地喜欢它，并且毫不吝惜地投入时间。对于真的不爱好的学科，你要努力改变自己的想法。我们习惯对自己的兴趣所在投入大量的时间和精力，

而不受我们青睐的学科往往遭受冷遇。这样是不对的。你没有对自己负责任。不感兴趣，不能成为不努力的借口。正是因为你没有足够努力，导致你相关能力的低下。而兴趣原本是一株植物，需要你精心地培养和照顾。兴趣是在一天天的接触中慢慢成长起来的，永远不要回避这种接触，因为你会在这种接触中对弱科产生兴趣。

再次，对于成绩真的很差的学科，你要有信心。因为认识不当，所以不喜欢；因为不喜欢，所以没投入；因为没投入，所以成绩差。不要把成绩归因于天赋。天赋可以使你在某一方面出类拔萃，但是学习不需要太多的天赋，它只要你足够的勤奋。不要让自卑感困扰你，自卑往往会让你在战役开始之前便丢盔卸甲。

开夜车成绩高

升入高一级的学校后，你的功课也随之增多起来。你所在的这所学校是全市的重点，同学们都是各区上来的优秀生，竞争压力异常大。为了不让自己在学业上落后其他同学，你只好拼命地挤时间学习，连续的深夜补课成了你生活中的正常现象。累就累点吧！总比期末成绩排在最后要强得多了。于是，每天都到很晚才睡成了你的习惯。

我们知道熬夜会大大减少睡眠时间，大脑和器官得不到休息调整，会给健康带来严重的危害。熬夜给人们带来的危害不仅仅是黑眼圈、长痘痘或是肝火上升那么简单，它对身体所造成的危害极大，可使人体处于亚健康状态甚至使机体器官受损而出现各种疾病。

不充足不规律的睡眠会严重影响学习进度，并将大脑单位时间内能摄入的信息量减少将近一半，学习新事物极易受挫。需要注意的是，如果睡得晚也会影响生长发育，睡得过晚，生长激素的分泌时间就会推迟，睡眠时间少，则生长激素的分泌就会减少。在慢波睡眠阶段，生长速度比没有睡觉时快 3 倍。此外，生长激素分泌过少，可能造成身体矮小的侏儒症，这可没什么好处，过矮会给你带来伤害。还有太晚的睡眠很可能会导致恶性神经衰弱。

其他的危害如：①不规律的睡眠及压力，会影响内分泌代谢，造成皮肤水分流失、皮肤暗淡、长暗疮、黑眼圈加重等。在一连串的熬夜之后，如果觉得脸紧紧的、痒痒的，有脱屑现象，还可能会患脂漏性皮炎。②从健康的角度讲，人若经常熬夜最容易疲劳，精神不振，人体的免疫力也会跟着下降，感冒、胃肠感染、过敏等都会找上你。③如果长期熬夜，更会慢慢地出现失眠健忘、易怒、焦虑不安等症状。过度劳累使身体的神经系统功能紊乱，引起体内主要的器官和系统失衡，比如发生心律不齐、内分泌失调等。

青少年们都希望自己能长高些，这样在同学们中间，不仅在身材上，心理上也会觉得"高人一等"。而个子高的男孩女孩，也往往更能吸引人的目光。如果你想"高人一等"，那开夜车可就要不得了。因为身高除了遗传、营养、体育锻炼等因素外，还与生长激素的分泌有很大的关系。生长激素分泌过少，可能造成身材矮小的侏儒症。

生长激素的分泌是有其特定规律的，一般在人入睡后 30～40 分钟，才开始分泌生长激素。此时血液中生长激素的浓度迅速升高，1～2 小时内达到高峰，其分泌量占总分泌量的 20%～40%。在睡眠的其余时间里，还含有第二次、第三次升高，但水平都比第一次低。生长激素在人清醒状态时分泌很少，也没有什么规律，所以在白天，血液中生长激素的浓度最低。如果你想获得一个好成绩，就必须得有一个好身体。获得好身体的办法很多，规律的睡眠便是其中之一。

同时还要注意饮食，通过合理的饮食把熬夜后丢掉的精力"补回来"。经常熬夜容易导致抵抗力下降、记忆力下降、内分泌失调、神经衰弱、肠胃毛病。①要加强营养，应选择量少质高的蛋白质、脂肪和维生素 B 族食物，如牛奶、牛肉、猪肉、鱼类、豆类等。也可吃点干果，如核桃、大枣、桂圆、花生等，这样可以起到抗疲劳的功效。②加强锻炼身体，可根据自己的年龄和兴趣进行锻炼，提高身体素质。③调整生理节律，尽快丢掉开夜车的习惯，养成良好的作息时间。

补充营养品学习好

如今，随着经济生产的发展，社会物资供应极大丰富，人民生活水平大大提高，健康营养意识成为公众养生的主流，被寄托了未来希望的孩子们，更是被家长们养在"蜜罐子"里。"什么营养吃什么"，成为绝大多数家长安排孩子营养膳食的中心思想。然而，孩子吃了营养的东西真能营养健康吗？营养学家发现很多家长们正在踏入一个又一个儿童营养误区。

很多母亲为了保证孩子健康成长，对超市里品种繁多的儿童营养食品格外青睐，甚至频繁购买当做孩子的零食。其次是学生们在期末常常因为考试和功课的压力而感到筋疲力尽，因此不少家长就去寻找所谓的"神奇药品"。

实际上，一些精神兴奋剂类药品、保健品和饮品含有对健康不利的物质，会使人体产生依赖性。有些产品不但不能帮助学生提高学习效率，还会导致失眠、不安、心跳加速等不良后果，危害大的还会损害神经细胞，造成行为紊乱。专家也说，良好的学习技巧、规律的作息时间和高度的自信才是有助于考试通过的最好处方，没必要过分依赖这些营养品。由于青少年处于成长发育的关键期，其食品一旦出现质量安全问题，他们所受的健康伤害比成人要大得多。

有关专家指出："科学发展一方面使人们饮食水平普遍提高，另一方面，食品中也增加了一系列不安全因素。"这些饮食风险给人类特别是青少年儿童带来了严重的危害，如化学合成物质的过量应用，农业生产中化学肥料使用量增加，加工食品中含有的防腐剂、着色剂、甜味剂等多种危害人体的添加剂等。可见，家长在为孩子购买食品时，仅注意食品的生产日期、保质期、生产厂家等还远远不能保证食品的安全。

多项研究证明，不安全食品除了影响青少年儿童的成长健康外，还对他们的生殖系统、免疫系统、神经系统和智力发育有不良作用。由于儿童身体的各个器官尚未发育完善，代谢作用强度大，有毒物质对儿童尤其是胎儿的危害是不可逆的，容易造成终生遗憾。

纵观营养品的发展，大体可分为以下几个阶段：

（1）中药制剂。以传统药材银杏、枸杞、猪脑为主要成分，特点是改善血液循环，但无法提供脑营养。

（2）简单的维生素组合。特点是轻微促进大脑状态改变，无本质性影响。

（3）深海鱼油类的动物提取物。特点是功效成分确切，但是其中的无效成分比例远高于有效成分，同时存在重金属伤害。

"某产品是第4代脑营养物质，它的生物利用率高达100%！它是中国第一个复合剂型脑营养品，首次形成了金字塔形态的脑营养体系，真正作用到大脑的核心记忆区。同时整合了17种脑有效成分，从而在大脑中形成了一个类似核裂变的链式反应，成倍放大了各功效成分效果，使脑神经顷刻进入升级状态，服用者会出现前所未有的奇妙感觉。"

看了以上的广告宣传你是不是也心动了呢？营养品的存在确实有一定道理，它适应了人们的需求。人体内某些营养物质缺乏会导致很多疾病，营养品的出现很好地解决了这些问题，但专家提示，要根据个人情况适量补充，讲求适度原则。

把运动的时间拿来学习

虽然现在提倡"素质教育"，各学校都开设相关的音乐、美术、体育等课程，可你觉得那是一种时间的浪费，与其去上体育课在操场蹦蹦跳跳，还不如把体育课的时间拿来学习。"别人运动的时候，你学习；别人学习的时候，你也在学习。"你认为这样自己就能拿个好成绩，所以每次体育课，你都不去。

根据资料调查表明，中国 6 成以上的 7 ~ 17 岁儿童青少年不参加健身运动。自 1985 年起，我国共进行了四次全国青少年体质健康调查。调查显示，近 20 年我国青少年体质在持续下降，其表现为：视力不良检出率居高不下，超重及肥胖检出率呈上升趋势，反映肺功能的肺活量和部分体能指标继续下降。专家分析，造成青少年体质下降主要有两个原因：①现代化的生活方式。②目前的应试教育过分注重升学率，导致学生学业负担过重，学习时间过长，体育锻炼时间过短。

在现行教育体制下，许多中小学校为了追求升学率，已经出现重文化课轻体育课的现象，有些学校的毕业班，课间的广播体操都被取消，体育课也经常被主课老师"征"用。而家长为了让自己的孩子能考高分，忽视了孩子课后的体育锻炼。

专家表示，中学阶段身体素质和身体机能的下降首先会危害他们一生的健康，其次可能诱发心理的"亚健康"。身体是革命的本钱，未来社会是个充满竞争的社会，如果在学生时期忽视了身体和心理健康的培育，那么在未来激烈竞争的环境中，他们怎么可能有好的身体去应对竞争，更不用谈什么成功，这岂不与人们的初衷相违背！很多国家已经将体力活动不足列入不健康的生活方式，认为其危害与过度饮食、不良嗜好、精神紧张、睡眠不足和环境质量差一样，都是导致多种慢性疾病发病率增加的重要原因。缺乏运动，还会导致青少年肥胖。

为了社会的未来、孩子的明天，应该注重孩子的体质提高，为孩子开出恰当的运动处方，让孩子在学与动中相平衡，拥有资本迎接将来的挑战。有的人总觉得自己还年轻，身体没问题，而忽视了锻炼。青少年在上学时应该培养自己一到两项体育爱好，热衷于一两项体育活动，这样，对他终生的体育锻炼都会有所促进。

青少年参加体力活动越多，使用烟草的可能性越小。学生应该每天参加 30～60 分钟与年龄及发育相适应的体育活动，并至少持续 10～15 分钟中等到较大强度的运动。所有的青年人每天至少进行中等强度的体力活动 60 分钟，每周进行两次能帮助增强和维持肌肉力量、弹性以及骨质健康的运动。

适当的体育活动将有效避免近视、身高不足等问题的发生。近视除少部分人为遗传因素引起，大部分为后天用眼不当造成。视力下降不仅影响青少年的日常生活和学习，也将影响今后对职业的筛选，缩小特殊职业人才的选取范围。不良用眼习惯，如读写姿势不正确、长时间操作电脑等，缺乏锻炼以及学习负担过重是青少年近视的罪魁祸首。预防形成视力不足的措施之一就是：锻炼身体，增强体质。

另外身高与体育锻炼也有很大关系。国内外研究者一致肯定：运动

有助于长高。据研究，运动以后生长激素分泌明显增加，同时，运动还会锻炼肌肉、骨骼，使之更加健壮。据调查，一年的体育锻炼就能使男孩子的身高比不锻炼的同龄者多长 1～2 厘米，女孩子多长 2～3 厘米。经常锻炼的小学生比不锻炼者高 5 厘米左右。体育锻炼之所以能促使身体长高，一是能促进生长激素的分泌，二是增强骨细胞的血液供应，有利于提高骺软骨的增殖能力。专家建议，摸高练习、爬杆或爬绳梯锻炼、上体前引、交叉伸展、跳绳、踢毽子、游泳等项目训练会增加关节、韧带的柔韧性，有助于孩子长高。

参考书就是一切

教辅图书是学习的辅助工具。根据自身的需求，选择好适合你的教辅书，合理利用，才可能真正实现教辅图书的功能效用。但不能过分依赖教辅书，"教辅"，顾名思义，以"教"为主，"辅"是次要的。使用教辅书最忌以其取代教材、取代课堂。这就是我们所说的"死读书，读死书"。中国的大文豪鲁迅说过"读死书是害己，一开口就害人"。

学生死读书表现为：过分依赖课本和参考书，尊辅导书中的一切为真理，盲信参考答案而不去主动思考等。茅盾在《谈独立思考》一书中说过"不读书者，不一定就不能独立思考；然而，读死书，死读书，只读一面的书而不读反面的其他多方面的书，却往往会养成思考时的'扶杖而行'，以致最后弄到独立思考能力的萎缩。"可见学生一旦脱离独立思考，危害是非常大的。

真正优秀的教辅图书，不应为应试教育推波助澜，而是为培养学生的创新能力和全面素质发挥不可忽视的积极作用。

学生使用教辅图书的首要前提是掌握好教材的知识内容。其次要量体裁衣，明确自己的需要，掌握自己的进度。不同的教辅图书有的与课时同步，有的按知识专题划分；有的是以习题训练为主，有的侧重知识例题讲解。作为"知识消费者"的学生读者要明确自己使用教辅图书的目的，根据自己的学习成绩、知识薄弱环节以及学校教学进度，有针对性、高效地利用不同类型教辅。

如果学习成绩一般或中等偏下，建议学生使用基础同步习题类图书达到巩固基础知识、较快提高成绩的目的。同时，成绩较好的学生如果在课后及时使用这类教辅也会促进对课上知识的消化理解。提高综合类图书特别适合学习成绩中等以上、学有余力的学生，题目典型但不陈旧、新活但不偏难，在基础之上将各个知识点串联起来，可以有效提高学生解题的综合能力。

对于知识梳理并例题讲解类图书，笔者认为，并不是所有的学生都需要使用。课前稍作预习，课上认真听讲，课后及时思考理解，老师的授课过程就能让学生较好地掌握教材要求。但如果学生确实没有较好理解课堂所授知识，这类教辅图书就可派上用场。此外，学生进行阶段复习的时候，也可以选择一本精选的讲解类教辅图书专门用于强化理解教材内容。知识专题类图书是专门用于强化理解学科知识难点的，如果在学习过程中，有某类知识不易理解、解题运用能力薄弱，就可以考虑使用这类教辅图书进行专攻。

即便选择了优质的教辅图书，不分重点，只是把教辅书从头做到尾，也不是明智之举。以下两点是值得广大学生读者借鉴的：

（1）针对重点。如果是为达到巩固基础知识的目的，课后就要在真正梳理好教材内容的前提下，尽早开始基础同步类教辅的使用，而不是

等到考试前临时抱佛脚，这样才有助于课堂知识的消化理解和能力转化。提高综合类教辅是专门为学有余力的学生设计的，这类图书一般题型灵活、题目新颖，侧重培养学生的综合解题能力。在使用过程中，对做得吃力的题目应该要特别重视对答案的理解，一般来说，这类图书都注重答案的步骤详细和思路提示，这往往是对知识再梳理和运用能力提高的过程。

（2）合理筛选。要学会对书中的内容进行筛选，选择一些对自己有帮助的作为重点，不要把精力浪费在已经掌握的知识点上。不论哪类教辅图书，出于强化记忆和理解的目的，在一定程度上都存在一定量的同类型题目，你一定要随时了解自己的学习进度，知识熟练掌握和运用后就不必反复做这类题目。这样才能节省宝贵的时间，有效减负。

教辅图书的存在和发展一直备受争议，不可否认，教辅图书在不同程度上对广大学生的知识深化、能力培养产生过积极的、正面引导作用。中国教育改革走入"新课标时代"，在新课标所倡导由"知识立意"转向"能力立意"的指导下，教辅图书起过很大作用。同样，教辅图书的泛滥化，也使教辅图书本身出现了差异。因此有选择、适当地使用教辅图书才是正确选择。

最后，对于普通的学生读者，要在品种众多、琳琅满目的教辅图书中选择出合适的优质图书并非易事。参考老师的推荐意见与同学交流用书心得，可以比较有效地帮助学生避免盲目购买。购买时注意尽量选择专业教辅图书出版社的产品，因为从与中小学教育、教材相关性和社会分工来看，各类教育出版社、师范大学出版社是教辅图书的专业出版机构，相对来说更能保证图书的品质。

为了父母的期望而读书

周恩来"为中华之崛起而读书",你知道自己在为谁读书吗?你是不是觉得是为了父母的期望、父母的荣光、父母的骄傲呢?

"昨晚为了小孩做作业一边做一边玩,说了她两句后,就不高兴了,不理我了,最后还往外跑,惹得我十分气愤。本来我也知道,教育孩子要循序渐进,晓之以理,动之以情,不能进行棍棒教育。可是我当时真是忍无可忍,气愤之极了,就动手给了女儿一巴掌,打得一家人气鼓气胀,不欢而散!"

中国是一个崇尚读书的国家,家有秀才,光宗耀祖!望子成龙,望女成凤是不少家长的心愿,这充分说明中国的家长是有责任心的长辈,教育孩子是长辈们天经地义的责任。但是,当把这种责任异化成为一种功利性的追求时,教育的作用就随之淡化了,教育的功能就会被扭曲。

孩子会读书,家长面子有光彩,所以,自觉和不自觉地把家长的意志强加在孩子身上,而不顾孩子的成长规律,跟风现象严重,别人孩子学什么,自己的孩子就要学什么;别的孩子进名校,自己的孩子也要进名校,哪怕是交上几万元择校费,买个全校倒数第一也值。即使是学过教育学、心理学的教师也不例外,他们不是不懂得教育规律,而是被社会的功利性、现实社会的市侩性所淹没。他们浮躁,他们来不及思考,因为从孩子出生到成年要 10 ~ 20 年时间来教育,现代社会很难找到一位教授舍得花 10 ~ 20 年的时间去完成一项科研,去进行一项心理和教育的实验研究。

这是因为社会节奏加快了，人们变得浮躁了，社会评价不能等待你。而教育孩子的时间节奏并没有加快多少，需要我们的家长花 10~20 年的时间去艰苦地完成这项任务，这是多么漫长的等待啊！而谁家的孩子会读书，谁家的孩子有出息，社会对其的评价立竿见影，让家长顿时觉得很有面子！社会对"神童""明星""超女快男"的追捧近似于病态的疯狂！

在这样的社会环境下，所谓的"教育孩子要循序渐进，晓之以理，动之以情，不能进行棍棒教育"，是在"功利思想"的原动力的驱使下，家长们作出的一种"假惺惺"的姿态！这样的教育其功效究竟有多大呢？平常家长教育孩子说："你要认真读书，读书不是为了我们！要为自己的前途着想。"事实上，我们的孩子就是在为家长而读书！在维护我们的尊严，在给我们撑面子！

家庭教育有功利性，但出发点不是为功利性而教育，培养孩子身心健康、终身发展才是教育的落脚点。社会应努力营造教育平等、提高人的素质、避免教育急功近利的良好环境，让广大家长把对孩子在学习结果上的过分关心回归到正常的亲子关系的爱上来，让孩子体会成长快乐和成长历程，给孩子以天性才是重要的。

青少年要摆正自己的心态，明确学习的目的是为自己而不是为别人，因为无论你学什么，做什么选择，终归最后承担责任的是自己。知识学了是为了以后自己应用，专业选择是因为自己的爱好和特长，而不是父母的期望。

学习中互相攀比

在学习过程中，每个人都想在"分数"上下点工夫、出点"彩"。你这次考第一，下次我一定要赶超你；你花一个小时完成作业，我要用半个小时把作业做完……谁也不甘落后，无形中导致了盲目攀比现象。

竞争本来是社会发展的动力。一个没有竞争的社会自然就失去了向上的冲劲。人都是在这个竞争的环境中生存的。人类本身就是在动物的竞争中优胜出来的，所以人天生就有竞争意识。一个再正常不过的事情就是失败者要学会握着优胜者的手真心地向他表示祝贺。攀比，不能说不可，但不能盲目，盲目就会失去目标，导致力气白费、寸步难行。攀比，只能与自己基础、条件差不多的去比，人家比你强，会对你产生动力；人家比你差，会平衡你的心理状态。

很多父母也知道让孩子早日明白竞争的意义，了解竞争的重要性是非常必要的，于是他们通过各种措施鼓励孩子参与竞争。鼓励是好事，但是，如果盲目地鼓励孩子竞争，却没有让孩子了解到竞争的意义，恐怕这种鼓励非但不会起到推进作用，还会导致孩子为了得到鼓励而恶性竞争。孩子成功时沾沾自喜，失败时怨天尤人，甚至仇恨对手，严重的还会做出伤害他人的举动，使原本有益的竞争变了味道，走向了歧途。

青少年在学习中竞争，要注意以下几点：

（1）树立正确的竞争观念。有的孩子以为竞争就是不择手段地战胜对方，"置人于死地而后快"。比如，有的孩子为得到老师的关注，就说别的同学的坏话等。这时，父母要教育孩子认识到，竞争应该是有利于社会，有利于集体和他人，不是不择手段地战胜对方。同学之间的竞争应该有利于促进相互督促，相互学习，以竞争促进大家追求更高的目标和共同进步。孩子要注意在优良的作风及精神道德方面与同学竞争，与同学比学习、比纪律、比团结、比进步、比友谊。珍惜同学间的友谊，要运用正当的竞争手段，不能做出伤害同学的事情。

（2）竞争中要学会宽容。现实生活中，部分在竞争中失败的孩子，往往会流露出不高兴的情绪，会对获胜的一方充满敌对情绪，表现为不再和对方交朋友，甚至怂恿别的伙伴孤立他。这点也反映出这些孩子还未能积极、正确地面对竞争。青少年在培养自己竞争意识的同时，也应提高自己竞争的道德水平，在竞争中要学会宽容。要明白竞争不应该是狭隘的、自私的，竞争者应具有广阔的胸怀。

消除竞争中产生的忌妒心理。有的孩子害怕同学比自己强而对同学采取"封闭"和"打击"的对策。比如，有好的资料和信息不愿意借给别的同学，对同学的求助漠然置之，甚至毁坏比自己强的同学的资料等。这时就需要父母启发孩子在竞争中表现出高尚的情操，不要以打击对方的方式来达到自己的心理平衡，让孩子认识到竞争不应是阴险和狡诈、暗中算计人，应是齐头并进，以实力取胜。

现代社会竞争无处不在，青少年有意识地培养自己的竞争意识和竞争能力非常重要，有竞争才会有输赢，进而产生成功者。这个过程有利于鼓励青少年的上进心，同时认真寻找自己与别人的差距，这样才能让自己离成功更近。但最重要的是摆正竞争的心态，竞争不是与他人盲目在分数、能力上的攀比，而是互相鼓励、互相学习、互相进步的过程。

内衣内裤一起洗

　　现在很多孩子从中学起就开始住宿，所以生活中很多事情都要自己做，比如说洗衣服。但洗衣服也要讲究科学的方法，衣服不时常换洗，或者是洗不干净，这些都会对健康不利。

　　在学校的时候，有些孩子在洗衣服时，为节约水，通常是先洗内衣内裤，然后洗外衣，再洗袜子等杂物，一盆水洗到底，又脏又黑。这样虽然保证了部分衣服的洁净，可是最后洗的衣服污染很严重。而有些孩子则是不注意，将袜子与内衣、内裤一起洗，殊不知混洗危害更大，会引起许多疾病。

　　在家中也是一样，现在都提倡让孩子适量做家务，而在家中就不用孩子手洗，可以借助洗衣机。因此有些孩子图方便省事，把所有换下的衣物和内衣内裤集中放进洗衣机里一起洗，在洗衣机搅拌、摩擦的过程里，衣物上的细菌、颜色、脱落的纤维，不可避免地相互污染。

　　而有些脏东西，一旦漂洗不干净，会一直附着在衣服上。尤其是内衣内裤上的这些东西危害更大，人一出汗很容易就会把脏东西吸附到身上，长时间的积累可能会导致皮肤癌。

所以在此敬告青少年，再懒、再图省事也不能将内衣内裤和其他衣服放在一起洗，内衣、内裤不仅要单独洗，还要注意漂洗干净。更不能与其他同学的衣物混洗。为防止洗衣过程中的交叉污染损害人体健康，各人的衣服最好单独洗，内衣、外衣分开洗；不太脏的衣服、太脏的衣服分开洗；内衣、内裤、袜子最好单独用手洗；洗衣时不要放太多洗涤剂，要多漂洗几次，特别是内衣裤更应这样；干洗的衣服拿回来要充分晾晒，等化学洗涤剂完全挥发后再穿，家中的洗衣机要经常清洗和消毒。

对于女孩子洗内衣裤要特别提出以下四点要求：

（1）内裤要天天换，天天洗，及时洗。不要让内裤过夜，否则很容易滋生细菌，且增加清洗的难度。内裤穿的时间过长，也会导致大量细菌滋生，使女孩子很容易得一些妇科疾病，危害女孩子们的身体健康。

（2）内裤必须是手洗。内裤一般相对较小，为增加摩擦密度，建议用拇指与食指捏紧，细密地搓弄，这样才洗得干净、彻底。

（3）选用内衣裤专用肥皂。内衣裤专用肥皂一般是无磷的，采用特殊技术处理，可有效杀菌，维护人体酸碱平衡。同时最好是专用的盆，以防交叉感染，最好选择凉水。

（4）洗净的内裤，切忌直接暴晒。应先在阴凉处吹干，再置于阳光下消毒。否则，内裤容易发硬、变形。

生活用品与他人"分享"

这个时代人们喜欢分享，分享网络、分享秘密，甚至分享生活用品。

你和好友之间，似乎没有什么不可以共用的，哪怕是脸盆和毛巾也照用不误。每次运动完后，回到休息室，立即拿起好友的脸盆与毛巾，到盥洗室彻底地洗漱一下，让自己能有个良好的身体状态展示给同学。你可能认为这样做没有什么不好，反正大家都是十分健康的，当然也不会有什么病症传染给自己了。

殊不知脸盆和毛巾是许多传染病的媒介。一些病菌特别是感冒病毒，在室温的环境下能存活 2～3 天，普通的消毒剂，例如肥皂、洗衣粉对它们根本不具一点效力。如果不顾一切，只图自己方便，拿起别人的毛巾就用，这是对自己和他人的身体健康不负责任。据医学界权威人士讲：感冒病毒、沙眼病毒、流行性腮腺炎、各种皮肤病以及肝脏病毒的传播媒介，就是人们平常所忽视的脸盆和毛巾。病毒很容易就会寄生于这些媒介当中，一旦有健康人接触这些媒介时，病毒就会乘虚而入，使健康人也传染上这些病症。

另外，同宿舍的同学分享浴巾、澡巾等，这也是不对的。浴巾、澡巾久湿不干会滋生大量细菌，污染我们的身体。同时由于人与人的皮肤状态不同，混用洗浴用品会使细菌附着到皮肤表面，引发或者感染各种皮肤病。

你可以和好友分享秘密，但切忌分享生活用品。改正这个坏习惯的最好办法，就是把自己的一切洗漱用具备齐，并时常保持干爽和卫生。要做到这一点并不困难，只要你考虑到这关系到自己的健康，并认识到这个问题的严重性，你就会知道该怎么做了。即使是最好的朋友，也不要使用他（她）的洗漱用具。使用他人的用具，不但会引起别人的反感，更重要的是，这会妨碍到你或者是他人的身体健康。在平常生活中，最好买与别人颜色不一样的洗漱用具，以便区分。

只有养成好的卫生习惯，才不至于传染上各种疾病。请记住，在平时日常生活中要稍微注意一下，把那些不良习惯彻底改正，就能让各种

传染性疾患远离自己。所以为了自己的身体，你不妨给自己备齐一套洗漱用具，并时刻告诉自己，远离他人的生活用具，为大家共同的健康着想。

让紧身衣刮起流行风

很多人都说时下已经进入了"复古"的时代，回想紧身衣裤曾经是欧洲某一个时期的流行，时过境迁，它又一次进入了人们的生活。

如果有兴趣到大街上走走的话，现在街头流行的紧身衣裤肯定会布满你的眼帘。紧身衣裤以其特有的塑身特点风靡于各地。的确，这种衣服确实能把玲珑有致的人体曲线体现得淋漓尽致。你可能也想给自己买一套紧身衣服，穿在身上行走于大街小巷之中，你认为自己简直成了一道风景，你认为紧身衣裤既健康又塑身。穿紧身衣可以展示形体美，但不符合卫生规律。

由于制造紧身衣裤的布料多采用透气性差的纤维产品，这对于正处于青春发育期的青少年来说是有相当大的危害的。这种衣服紧贴身体，会导致血液循环不畅，局部供血不足，神经受到压迫，时间长了还会使臀部、大腿和外生殖器感觉功能降低，从而影响骨盆、生殖器的发育。久穿紧身裤还会使局部毛细血管受压，影响血液循环，增加会阴磨擦，极易造成会阴充血水肿。若再加上不注意局部清洁卫生，还会造成泌尿生殖系统感染。特别是夏天，女孩子穿紧身衣不利于体内排出的汗气散发，却有利于病菌的侵入。

除此之外，要特别强调的是，处于青春期发育阶段的女孩子千万不要穿紧身内衣，比如束胸衣。束胸对少女的发育和健康有很多害处。束胸时，心脏、肺脏和大血管受到压迫，会影响身体内脏器官的正常发育，影响呼吸功能。正常情况下，胸式呼吸和腹式呼吸两种呼吸动作的协调配合进行，才能保证人体正常的气体交换，而束胸影响胸式呼吸，使胸部不能充分扩张，肺组织不能充分舒展，吸入空气量减少，以致影响了全身氧气的供应。束胸压迫乳房，使血液循环不畅，从而产生乳房下部血液淤滞而引起疼痛、乳房胀而不适，甚至造成乳头内陷、乳房发育不良，影响健美，也造成将来哺乳困难。

你最好穿一些宽松舒适的衣服，不要穿紧身衣裤。宽松衣服的透气功能，能够让你的毛细血管内的血液畅通无阻，改善局部的血液循环。同时由于皮肤表面通风良好，体表的汗液能够畅通无阻地蒸发出去，细菌也就没有了存在的土壤，由细菌引起的身体疾患也就会销声匿迹。另外，宽松的衣裤还可以让你轻松地运动，而不会像紧身衣裤那样，每动一下都要"心惊胆战"。它们特有的宽松透气材料能让处于生长发育期的你不受束缚，从而使你在青春发育期更加健康和充满活力。

为了让你的身体能够透气，舒服地为你服务，不妨多穿宽松衣服。

把吸烟当成一种风度

影片中主人公吸烟时的"超酷"形象对你的影响很大，你也学着明星的样子抽起烟来。你认为自己抽烟，说明自己很有风度，也更能吸引别人的注意。然而，风度是有了，你有没有感觉到自己的身体也越来越差了呢？

近10年的研究发现，青少年男生吸烟的人数已越来越多，尤其是在校学生吸烟人数呈直线上升。有关资料报道，世界卫生组织南京儿童心

理卫生研究中心曾对南京四所中小学生吸烟情况进行过调查。调查发现，在校中学生吸烟率高达 25.09%，其中男生为 37.48%，女生为 7.73%。此外，吸烟的学生还同时伴有品行障碍等危险因素。

研究是在南京市四所学校的 869 名在校中小学生中进行的。结果表明，各类中学均存在学生吸烟的问题，但有显著差异。重点中学学生吸烟率为 5.36%；普通中学学生吸烟率为 12.41%；职业中学学生吸烟率为 43.52%；工读学校学生吸烟率为 86.45%。

研究显示：学习成绩差，与同学关系不融洽，有不良伙伴者易染上吸烟行为。此外，父母文化程度低，家庭关系紧张，单亲家庭，父母管理方式不当等均易使子女染上包括吸烟在内的不良行为。研究同时表明，13～15 岁是一个危险年龄段，吸烟人数在此段明显增加。

调查结果显示，吸烟者的年龄已低龄化，甚至有的从小学阶段已开始吸烟，并有少数女生也在试着抽烟。青少年吸烟的问题应该引起家庭、学校和社会的高度重视。

2008 年 5 月 31 日是世界卫生组织发起的第 21 个世界无烟日。本次无烟日的主题是"无烟青少年"。烟草被视为世界上最严重的社会问题之一，当前全世界烟民已达 12 亿，每年因吸烟导致疾病死亡者约 300 万。在我国有 3.5 亿吸烟者。而调查发现，在大学、高中和初中男生中，吸烟的比率分别高达 46%、45%、34%，形势是异常严峻的。

你知道吗？烟草中含有大量的尼古丁、一氧化碳、氯化物及放射物质等。尼古丁对脑神经有毒害，它会使记忆力减退，精神不振、学习成绩下降。调查发现，吸烟学生的学习成绩比不吸烟的学生低。此外，青少年正处于性发育的关键时期，吸烟使睾丸酮分泌下降 20%～30%，使精子减少和畸形；使少女初潮期推迟，经期紊乱。青少年吸烟还会使冠心病、高血压病和肿瘤的发病年龄提前。有关资料表明，吸烟年龄越小，对健康的危害越严重，15 岁开始吸烟者要比 25 岁以后才吸烟者死亡率高 55%，比不吸烟者高 1 倍多。

一支被点燃的烟所散发的烟雾中，就含有 300 多种有害物质。如果人体长期吸入这些物质，易引发气管炎、肺癌、冠心病、肺气肿。尼古丁可以引起肾上腺素分泌增多，使血管痉挛、血压升高、血中胆固醇增加，从而加速动脉硬化，引起脑血管意外、冠心病、心肌梗塞。其他的有毒成分还可抑制消化腺分泌消化液，吸一支烟就可以让胃肠蠕动停止15 分钟，胃酸反流，增加食道炎、胃炎和胃溃疡的发生机会。

吸烟对发育成长中的青少年健康危害很大，对骨骼发育、神经系统、呼吸系统及生殖系统均有一定程度的影响。由于青少年时期各系统和器官的发育尚不完善，功能尚不健全，抵抗力弱，与成人相比吸烟的危害就更大。此外，由于青少年呼吸道比成人狭窄，呼吸道黏膜纤毛发育也不健全，因此吸烟会使呼吸道损害并产生炎症，增加呼吸的阻力，使肺活量下降，影响青少年胸廓的发育，进而影响其整体的发育。

据专家介绍，吸烟时，烟雾大部分经气管、支气管进入肺里，小部分随唾液进入消化道。烟中有害物质部分留在肺里，部分进入血液循环，流向全身。在致癌物和促癌物协同作用下，正常细胞受到损伤，变成癌细胞。年龄越小，人体细胞对致癌物越敏感，吸烟危害越大。青少年之所以容易患癌，与过早、过多吸烟和其他促癌因素协同作用有直接关系。

吸烟可不是什么风度的体现，正确的做法就是让自己远离香烟。你可以多看一些有关吸烟危害健康的书籍，也可以到医生那里请教一下防止被动吸烟的办法。

如果你现在还在吸烟，就应当戒烟了。戒烟的办法很多，最直接和最有效的方法就是寻找香烟的替代品。一杯清茶、短暂的休息都可以让你重新精神饱满。清茶中的有效成分可以让你的脑细胞充分活跃，而休息则可以让这些细胞重新充满活力，这两种替代方法都不会伤害到身体，所以不妨一试。

吸烟已经成为世界公害，保护自己、保护环境就应当从现在做起。

在"酒文化"中成长

近些年来，饮酒低龄化似乎在世界各地都有加剧的倾向与趋势，而且这也包括那些已有法令规定合法饮酒年龄的国家。

在社会环境的如此变化下，来自澳大利亚国家药品研究院的医学科研人员，对澳大利亚从 1993～2002 年 10 年间年龄在 15～24 岁已故青少年的死因进行了分析汇总。结果发现，危害性酗酒已经成为直接或间接造成这些青少年身亡的最主要"杀手"之一。

据统计数据显示，1993～2002 年，有 2600 多名年龄在 15～24 岁的青少年死于因危害性酗酒伤害而引发的身体损伤或病症，比例超过同一时期同年龄段死亡人数总和的一成半。简单来说，在那 10 年中，每 6 名年仅 15～24 岁的青少年因故身亡，其中便有一人是直接或间接死于酒精量的过度摄取。就这 2600 多名青少年的最终死亡原因，基本上都集中在危害性酗酒所导致的交通事故、暴力型冲突及非清醒意识下自杀等几方面。

目前，已有种种资料都很清楚地表现出危害性酗酒对于青少年所可能造成的潜在伤害，及时加强对于青少年过度摄取酒精类饮品的控制，这已成为减弱及消除该"杀手"的当务之急。酗酒对社会也具有极大危害，因为酗酒是一种病态或异常行为，可构成严重的社会问题。酗酒者通常把酗酒行为作为一种因内心冲突、心理矛盾造成的强烈心理势能发泄出来的重要方式和途径。归纳起来其影响有如下六点：

（1）酒会影响食欲。酒能刺激胃肠道的黏膜，使之充血，发生急性胃肠炎。有时酒醉后出现剧烈呕吐，可能使胃与食管的连接处撕裂，发生大出血，甚至危及生命。酒精的长期刺激会使舌与食管发生恶性癌变，也容易形成慢性胃炎、胃溃疡与慢性肠炎，甚至发展成胃癌，并影响食物的正常消化吸收。

（2）酒会影响中枢神经与自主神经系统。嗜酒者非常容易发生神经官能症，如头痛、颤抖、出虚汗、健忘、眩晕，甚至发生精神症状。

（3）饮大量的烈性酒会诱导急性胰腺炎。一般在饮酒后 12～48 小时发生反应，症状有急性腹痛、恶心、呕吐、发热等。若长期过量饮酒还可能诱发慢性胰腺炎，使胰腺不能分泌消化酶，导致慢性腹泻，以致营养不良。

（4）饮酒过量致酒精性肝硬化。如果一次摄取的酒精相当多时，就可能产生肝细胞的急性损伤，长期大量饮酒则会造成脂肪肝或肝硬化，即酒精性肝硬化。

（5）发生吸收障碍。酒精可阻止葡萄糖、氨基酸、维生素 B_1、维生素 B_2、叶酸等营养物质的吸收，对人体健康不利。

（6）伤害生殖细胞。男青年过量饮酒能造成阳痿或暂时性无能，久之会造成男性生育能力减退。酒的主要成分是乙醇，长期饮酒的男青年，会发生性功能障碍，并扰乱体内睾酮分布，使循环睾酮数量增加，不能被组织利用，从而影响精子的生成和精液的质量。女青年饮酒，酒中的乙醇可使生殖细胞损害，使受精卵不健全。

当然，饮酒后能使心跳加快，血管迅速扩张，血液循环加速，所以喝酒能驱寒保暖，中医因此把某些中药制成药酒或酊剂以提高药物的吸收率。人们常说："饮酒会活血通脉，消愁遗兴，少饮壮神，多饮殒命。"所以，饮酒必须适度，谨防过量而伤身。

挤破青春痘

从读 5 年级开始，班上好多同学的脸上就开始长青春痘。平时，走在路上，也发现长青春痘的往往是青少年。你感到疑惑，为什么青少年的脸上容易长青春痘呢？

其实，这是因为青少年处于青春发育期，肾上腺皮脂和性腺活动的增加，使雄性激素分泌增多，从而导致皮脂分泌增多，但皮肤的皮脂导管堵塞，栓塞物逐渐被氧化和污染，这样就很容易长青春痘。

有的青少年常因脸部的青春痘影响皮肤的美观而苦恼，因而选用各种各样的药物，想清除青春痘。实际上这是没必要的，有时，还会使情况更糟。据医生介绍，青春痘俗称粉刺，医书上叫痤疮，是青春期常见的皮肤病。它一般不影响健康，也无需特殊治疗，但由于多发于面部，往往给不少青年男女带来烦恼，因此要懂得自我调护。除保持情绪乐观和皮肤清洁外，应控制食用脂肪、糖类，少饮浓茶、咖啡等刺激性食物和饮料，多吃新鲜蔬菜水果，用药膳食疗的方法防治青春痘。

患了痤疮（青春痘），应该常用温水、含硫香皂洗脸，以减少皮肤的油腻。皮肤的油腻减少，灰尘等脏东西落在皮肤上被黏着的机会亦就减少，这就能有效地防止皮脂腺口的堵塞和细菌的继发性感染。另外不要用手挤压痤疮，不用油脂类化妆品，不随便外用油膏，不要用肤氢松、肤乐乳膏、恩肤霜等类含固醇激素的外用药膏，否则会引起类固醇激互性痤疮，亦不要用溴、碘类药物，否则会引起疣状丘疹，起增殖性痤疮。要少吃脂肪和糖类食品，少吃油炸食品及葱、蒜、辣椒等刺激性食物，多吃水果和蔬菜，防止便秘和消化不良，这些对减轻痤疮都有一定帮助。

同时在日常清洁中也要注意如下五点：

（1）不要常常洗脸。一天洗两次脸是你必须遵守的规则。常常洗脸，反而会刺激皮脂腺的分泌功能，因为一旦皮肤表面的油脂被洗净，皮脂腺就必须"加班"工作来发挥他的天然保护功能，如此一来，皮脂腺会变得愈来愈毛躁，愈来愈活泼。

（2）不要用磨砂膏和收敛水。磨砂膏和收敛水会过度刺激表皮，恶化已在发炎的皮肤状况，同时也会激化皮脂腺的分泌功能，使情况更糟。此外，收敛水能使毛孔收缩，让原本已堵塞的毛孔洞口更小。

（3）千万别抠、挤、挑青春痘，每一个青春痘的生命周期，都仅有短短的3~4天，时辰到了，它自然会消失或化脓而出，如果用手或工具去挤压，非但于事无补，反而会因手上的细菌而造成二次感染，或因挤压的力道，造成皮下淤血，留下必须4~6个星期才会消失的瘢痕。此外，因抠挤而造成的伤口，经一再的刺激、皮肤增生，结果形成隆起的疤痕。

（4）坚持使用暗疮皮肤专用的洗脸皂或洁面剂。不含皂基和酒精的成分，不会对暗疮再造成刺激。

（5）要用专用海绵辅助洗脸，让油腻的皮肤变得清爽。要把洁面液放在手心揉搓出泡沫，再用海绵使泡沫增加；把海绵从脖子、嘴巴四周、下巴、脸颊、鼻梁等处顺序轻刷，最后用温水冲走泡沫，再用冷水拍脸。

总之，千万不要挤破青春痘，很容易感染发炎。还要注意日常清洁和科学的饮食。

节食减肥轻松瘦下来

有很多人都误认为吃得越少越能减肥，为了能让身材挺拔而有骨感，

你尝试过很多的减肥办法，却都没有成功。看到别人曲线毕露的身材，你羡慕不已。怎么办？你想到了节食，也真的坚持了下来。结果体重真的降下来了，但你似乎也感觉到身体有些许不适。其实不是这样的。营养学者认为，我们每天需要吃 40 种以上的食物才能补充完整体内细胞对营养的需求。

殊不知我们平常的食物吃得太少，体内营养会极度缺乏或不均衡。体内细胞就得不到充分的营养而导致体内基础代谢率下降，而且肌肉的不健康也会降低体内的基础代谢率，体内代谢减慢后热量就更难以消耗，当然也不能消耗脂肪。节食减肥通常只吃素食，有的甚至只吃蔬菜或水果。这会造成必需氨基酸、脂肪酸、脂溶性维生素、维生素 B_{12} 和肉碱等的缺乏。这些营养素的缺乏会使你皮肤干燥，肌肉松弛，面色苍白，头发脱落，反应迟钝；同时脂代谢效率下降，从而更进一步增加肥胖。节食减的大多是肌肉，减下来的体形也不好，一旦恢复饮食极易反弹，而且还有可能反弹得比以前更重。

因为，人体在某个阶段得不到补充的营养，就会在恢复正常饮食后进行报复性吸收，而且肌肉所消耗的热量远远高于脂肪所消耗的热量，导致肥胖问题越来越难解决。节食减肥还会使你体力下降，运动量下降，营养素减少。长时间还会造成脑细胞死亡、头发脱落、骨质疏松和月经停止，以及诱发胆结石等严重后果。到后来你肯定无法坚持下去，开始多吃东西，体重最终将反弹并超反弹。

为什么呢？因为人体代谢率会随着饮食量、运动量和营养素的下降而下降。你的身体很聪明，要备战备荒，像冬眠的熊，学会调节（降低）代谢率渡过难关。所以说盲目的节食只会使你日后更胖。同时人体内细胞如长期营养不足会转变为癌细胞，种下数十年后患癌的不幸结局，长期营养不良是患癌的主要原因之一。长期节食会造成内分泌失调，所以节食会带来更多的健康问题。

节食减肥或许在短期内有一点效果，但却不能持久，因为它的副作用是非常严重的。节食不当，在减肥的过程中或减肥后都可能会出现不良反应。首先，节食减肥容易引起胆结石，并且节食越久患胆结石的可能性就越大；其次，节食减肥会改变节食者的大脑功能，其原因是减肥会影响多巴胺的功能，在女性体内同时还发现减肥能影响她们的情绪和血清素，使之发生变化；最后，节食过度，导致体重大幅度下降后，容易诱发骨质疏松症早期病变。

减肥的确能让人达到身材苗条、楚楚动人的目的，但盲目而且无节制的减肥方法却实不足取。正确的办法是在医生的指导下，按照常规的减肥方法进行治疗。平时吃饭后不要马上休息，先外出散会儿步，用这种办法可以减少脂肪在身体内的积存，让人的身体有个良好的状态。同时，在保证自己身体不受影响的前提下，可适当减少食物的摄入量。

记住，只有你真正地运动起来，才能对你减轻体重有帮助。最科学的减肥就是要让体内补充全面均衡的营养，让身体更能有效消耗脂肪，在这个基础上控制热量摄入来达到减肥目的。

减肥产品越吃越苗条

为了符合时下人们审美观念，你开始热衷于通过减肥的方法来改变自己的形象。减肥产品成了你唯一可以依赖的产品。花大把的金钱去购买减肥产品也成了一种消费时尚，你认为，通过减肥产品的作用能让自己彻底"轻松"起来，减肥产品中的有效成分能帮你变成一个"窈窕"而时尚的人。

"是药三分毒"，减肥产品也是如此。长期食用减肥产品，会给你的

健康带来很大程度的损伤。据了解，减肥产品一般是通过抑制饮食中枢，减少进食量来达到减肥目的。减肥产品本身并没有得到医学上的临床验证，因此其功效不能在很短的时间之内看出。

减肥产品有减肥药品和减肥食品两类。减肥药品属于处方药，因此需要在医生的指导下服用。减肥药品作为处方药在市场上尽管有违规宣传和兜售行为，但是因为受到药监局监管，因此相对安全。而减肥食品不是药类，自然也不是处方药，因此非常自由，不受药监局监管，因此有商家违背《保健食品管理办法》关于食品中不得添加药物的规定，在保健品上大做文章。据了解，国内许多减肥食品内都添加了西方化学药品成分。因此，一些违禁减肥产品也很有可能会成为夺命杀手。

减肥产品的作用大多不外乎三个字：泻、替、堵。"泻"就是吃后让你拉得七荤八素，体重很快降下来了，但减的是水分，脂肪减得很少；"替"就是用其他物质，如某种纤维素代替食物，让你不感到饥饿；"堵"就是通过控制饱食中枢，让你没了食欲。结果，吃药后，都几乎不可避免地在停服之后出现反弹，体重没减下来，反而落下一身毛病。

同时，减肥产品抑制饮食中枢，容易引起神经系统的紊乱，因此很可能引起人体对药物的依赖性，影响人体器官的正常功能。经常食用减肥产品，会诱发相应的疾病，出现浑身乏力，体力很差，精神疲惫等症状。有些时候，甚至还会非常讨厌饮食，依赖性厌食症就是减肥产品常常引起的并发症。因此在购买减肥产品的时候，你可要注意了，千万不要仅仅看到了减肥效果，而忽略了减肥产品自己的"毒性"。

你最好不要盲目进行减肥，要视自己的具体情况而定。如果由于肥胖而影响了正常的学习生活，不妨去看医生，找出适合自己的减肥方式，不可乱食减肥产品。这是因为市场上的减肥产品多种多样，大多数的成分实际上都是盐酸西布曲明，它本来是治疗抑郁症的，具有兴奋作用，但现在是全球应用最广泛的治疗肥胖症的药物之一。这种中枢神经抑制剂，通过抑制食欲，增加饱胀感，减少进食，达到减轻体重的目的。另一种较流行的减肥产品是一种脂肪酶抑制剂。通过抑制脂肪的水解，减少人体对脂肪的吸收。这些产品都是以抑制食欲为基本方法的，但是不吃饭对青少年的身体是有很大损害的。

实际上，运动才是最健康、最持久的减肥方式。适量运动不但可以减肥，还可帮助青春发育期的青少年塑造完美形体，同时有助于青少年身心健康、成长。

多吃钙片身体好

你是不是觉得补钙越多长得越高呢，所以你开始喝牛奶、吃鸡蛋、吃钙片等，只要含钙高的你爱吃的、能吃的，就无节制地狂吃一通呢？的确，补钙是当今的一种保健时尚，但是很多人往往受商业宣传影响，不讲科学，盲目补钙，结果或事倍功半，或得不偿失。有关专家建议，补钙应该注意：你认为补钙品的确能改善自己的身体，因而你不断地服用这些产品，并且想当然地认为，只有吃得多，补钙的效果才会明显。于是，你整天抱着补钙品狂吃一气，以期待有好的结果出现。

很多人都知道，钙元素有强骨、固齿的作用。其实，这种矿物元素的生理功效远不止于此，它对整个身体的健康乃至寿命都有深远的影响。钙是支持生命的重要元素，像吃盐一样，人一生中的各阶段都要不断地补钙，但千万别因此被拐进"死胡同"。

钙是人体生命活动的调节剂，是人体生命之源。它能形成和维持骨骼、牙齿的结构，维持人体细胞的正常生理状态。人体的肌肉收缩、心脏的跳动、大脑的思维活动、内分泌以及免疫系统都离不开钙的参与。

钙在小肠内的碱性环境下，与氨基酸结合成稳定的氨基酸螯合钙，整体进入小肠细胞，被人体吸收。

钙在人生各个生长发育阶段，从幼年到成年乃至老年都肩负着重要生理功能，是保证人体健康长寿必不可少的重要元素。钙在人体内，一方面构成骨盐，成为身体的支架；另一方面钙以离子形式参与人体各种生理功能和代谢过程，特别是近年来随着分子生物学的发展，尤其是钙结合蛋白的发现和研究的深入，揭示了钙离子参与人体各种生理生化过程的新篇章。

钙结合蛋白是一种具有特异性、高亲和力或高亲和量，能可逆地与钙相结合的蛋白质，广泛存在于细胞内外，以其与钙的亲和力不同来感受或调控钙离子浓度，从而参与肌肉收缩、血液凝固、神经肌肉的应激性、毛细血管的渗透性、改善微循环和白细胞对细菌的吞噬以及酶的激活、激素分泌等各种生理功能和代谢过程的催化、启动、运输、分泌功能，维持人体循环、呼吸、神经、内分泌、消化、血液、肌肉、骨骼、泌尿、免疫以及生殖等系统正常生理功能的调节作用，维持着人体细胞的正常生理状态，肩负着第二信使的重任，几乎参与一切的生命现象以及多种生理病理过程，是生命活动的调节剂。人的一生必须维持正常钙的生理水平，才能保证健康的需要。没有钙，生命活动就会停止；缺钙，生命活动就会出现障碍，疾病就会发生。

钙对人体非常重要，但也不是越多越好。青少年每日对钙的需求量是 700~1200 毫克。补钙时摄入的是钙盐而不是简单的钙。不同性质的钙盐，在适应性等方面是有明显差别的。如：碳酸钙不溶于水，食入过多就要消耗大量胃酸；另外补钙产品中还添加了其他成分，如维生素 D，如果摄入过多补钙产品，就会导致维生素 D 过多症、多发性骨髓痛等。有些人轻易相信媒体广告的吹嘘，将一些产品的性能以为是万能，因而深信不疑，拼命使用，结果导致各种身体器官的功能障碍。

俗话说"药补不如食补"，其实我们身边含钙量高的食品比比皆是。天然食物中牛奶每百克含钙100～120毫克，每袋市售牛奶中含钙为240～280毫克，而且容易被人体吸收，被认为是最理想的钙源。日本1995年的一项研究提示，牛奶对人类骨骼有"镇静"作用，可减低骨钙丢失。如果一个儿童每天喝500毫升奶，就可以补充600毫克钙，再辅以含钙丰富的蔬菜、豆制品、面包等，基本上可以达到摄钙标准。

豆类尤其是大豆制品中含有的植物性雌激素异黄酮对骨质疏松的防治有很好的作用。鱼虾蟹类，禽蛋肉类，榛子、花生、芝麻等干果，海带、木耳、香菇等均不失为钙的良好来源。豆腐在点卤过程中加入一些电解质，使蛋白沉淀，如南豆腐中加石膏即硫酸钙，北豆腐加的卤水即是含镁的盐，对骨质也是有益的。

专家建议，钙剂的补充可分早晚各1次，或早中晚各1次，一般可在进食时补充。晚上睡前服用可防止夜间血钙浓度下降引起的抽筋，而且对于改善睡眠质量也有较好的效果。贫血病人补钙与补铁的时间最好隔开，钙对铁的吸收有一定的抑制作用，同样铁对钙的吸收也不利。含磷的可乐饮料、酒精以及富含植酸、鞣酸的食物（如麦麸、菠菜等）会降低钙的吸收。维生素C对钙的吸收有一定促进作用，因此多食用富含维生素C的水果或饮用橙汁等有利于钙的吸收。维生素D不仅是钙被机体吸收的载体，而且钙只有在维生素D的作用下才能被骨骼利用。

在日常生活的细节中，要注意减少钙的损耗：食物应保鲜贮存，牛奶加热时不要搅拌以免钙的流失；菜不宜切得过碎，炒菜要多加水，烹调时间不要太长；菠菜、茭白和韭菜等含草酸较多的蔬菜，应当先用热水浸泡以溶去草酸。过量补钙不仅是一种浪费，对某些人也可能产生不良影响。在补钙结合补维生素D时，应防止过量维生素D中毒。对绝大多数成人来说，补钙量在每日2000毫克的范围内是安全的。

用热水进服维生素 C 片

常听人说吃维生素 C 好，那你知道维生素 C 的作用吗？你了解维生素 C 的性能吗？又或者你知道如何服维生素 C 吗？千万记住不能用热水。下面我们来详细了解一下。

学龄儿童（7～12 岁）及青少年（13～19 岁）的营养需要，既不同于婴幼儿，也与成人有区别。学龄儿童的体重增长较平稳，但智力发育增强，体力活动增大。至青春发育期，体重、身高急剧增长，生理上、心理上的变化都很大，是人的一生中长身体、学知识的关键时期。通常人体总体重的 50%、身高的 15% 是在青春期获得的。合理的营养供应在这个时期有很关键的作用，而维生素作为营养素的重要成分，其供应充分与否对少年儿童的发育至关重要，它可提高机体的反应性和促进获得性免疫力的发展，保证儿童和青少年的健康成长。

维生素 C 能减少毛细血管的通透性，加速血液的凝固，刺激造血功能，促进铁在肠内吸收，降低血中甘油三酯和胆固醇，增加对感染的抵抗力，参与解毒功能，具有抗组胺及阻止致癌物质（亚硝胺）生成的作用。

我国儿童与青少年所获得的维生素 C 多来自加工烹调后的蔬菜。维生素 C 在加工烹调中若方法不当，损失破坏很大。在研究者对 900 多名13～15 岁中学生的营养调查中发现，其膳食中维生素 C 供给量不足。维生素 C 具有促进发育和增强儿童对疾病的抵抗力，防止骨质脆弱和牙齿松动的作用，此外，在迅速生长发育时期及体力活动增加时，机体对维生素 C 的需要量也随着增加，故需注意补充。以下为维生素 C 的一些

益处:

（1）促进骨胶原的生物合成，利于组织创伤口的更快愈合。

（2）促进氨基酸中酪氨酸和色氨酸的代谢，延长肌体寿命。

（3）改善铁、钙和叶酸的利用。

（4）改善脂肪和类脂特别是胆固醇的代谢，预防心血管病。

（5）促进牙齿和骨骼的生长，防止牙床出血。

（6）增强肌体对外界环境的抗应激能力和免疫力。

进入人体的维生素 C 很快分布于各个组织器官，在正常情况下，人体维生素 C 库为 1500 毫克。多余的大部分随尿排出，少部分随大便、汗及呼吸道排出。但是在感染情况下，人体所需的维生素 C 为平时的 20 ~ 40 倍之多，而且所有的药物都会破坏体内的维生素 C。所以在人体有恙的情况下补充维生素 C 是非常有益的。

维生素 C 是水溶性制剂，不稳定，遇热后易还原而失去药效，所以不能用热水服维生素 C。还有很重要的一点，服维生素 C 前后两小时不能吃虾，因为虾中含有丰富的铜会氧化维生素 C，使其失效，且虾中的五价砷成分还会与维生素 C 反应成有毒性的三价砷。

发炎了来片阿莫西林

"来，给我拿盒阿莫西林！"感冒了不用去医院，自己买盒感冒胶囊就搞定；肚子疼随便吃止疼药也管用；发炎了，吃阿莫西林最管用。时下老百姓自己开药方已经成了普遍的现象。青少年在家庭环境的熏染下，久而久之也学会了给自己开药方。

为什么不能滥用抗生素？阿莫西林是青霉素的一种，对于青霉素过

敏的人来说应该禁用，会产生过敏反应，再说滥用抗生素会导致耐药性。回顾中外医学发展的历史，有过许许多多的教训和失误，其中过分依赖抗生素，滥用抗生素，就是人类医学史上最大的失误之一。

早年，抗生素的发现使人类受益匪浅，它使可怕的产褥热不再成为产妇的杀手；使吞噬千百万人生命的鼠疫、伤寒、霍乱等烈性传染病得到了有效控制；使外科手术不再因为感染而失败。

然而，随着抗生素种类的增多，使用历史的延长，滥用的现象日益普遍，同时也带来了许多意想不到的后果。抗生素可分为许多种类型，每一种类型都具有独自的抗菌范围。简单地说，某一种抗生素对某种细菌有杀灭或抑制作用，但对另外的细菌则没有作用。如果抗生素选择错误或者一种抗生素使用时间过长，就会造成不良后果。轻的对疾病没有治疗作用，严重的将会延误病情，甚至引起许多不良反应。

滥用抗生素使越来越多的细菌产生耐药性，一些原来很有效的抗生素渐渐失去了效力，为此，人们不得不绞尽脑汁，去研究发现对付耐药细菌的新的抗生素。令人头痛的是，新抗生素的发现速度还赶不上细菌产生耐药性的速度，而且耐药细菌的毒力也越来越强，越来越难以对付。为了对付细菌的耐药性，医生不得不同时使用多种抗生素，但这样一来，联用抗生素在杀死有害细菌的同时，一些脆弱的有益细菌也会被"置于死地"，导致菌群失调，降低人体的抗病能力。

还有，抗生素在治疗疾病的同时，或多或少带有某些副作用，如果对它们的副作用不了解而滥用的话，后果将不堪设想。比如有的抗生素会影响听力，甚至发生耳聋；有的抗生素对肾脏有损害，如用于患有肾病的人身上，会加重病情；有的抗生素会引起过敏，使用前一定要做皮试等，因而在选择时千万要慎重。许多人有一个错误的观点，仿佛抗生素是万能药，只要一有头痛脑热就随时滥用，这不仅造成大量浪费，而且会培养出耐药的病菌。此外，过多使用抗生素，还会使自身的防御能力明显降低。

因此，青少年不能乱给自己开处方，引起发炎的情况很多，应及时去医院检查，在医生的指导下正确服药。

补碘，量多少为佳

很多人知道补碘有益于智力，但是他们并不知道，如果补碘过量，同样也有害身体健康。高碘同低碘一样都对人体有害，会引起高碘甲状腺肿大等不良反应，甚至造成碘源性甲亢。

青少年对碘缺乏比较敏感，突出的表现是甲状腺肿大。一般来说，甲状腺肿大率随着年龄的增长而升高，女孩肿大率普遍高于男孩。补碘以后，经过一定时期甲状腺可以恢复正常。因此，一定年龄组（6～12岁或8～10岁）甲状腺肿大率常用于评估人群碘缺乏状况、干预措施效果和病情监测。青少年碘缺乏会对生长发育特别是智力发育造成损害，碘缺乏地区的青少年儿童智力发育没有达到应该有的水平。如果以智力商数表示，碘缺乏使他们智力商数丢失10～15个百分点。

碘缺乏对人类的危害，是容易造成正常人不同程度智力低下。碘是人体不可缺少的微营养元素，对人的发育和健康具有重要的作用。早在20世纪50年代，我国选择食盐加碘为主的防治措施，并取得成功经验。碘缺乏病虽然危害严重，但可以通过全民食用碘盐这一简单、安全、有效和经济的补碘措施来预防。如果每天食用6～10克（约1小汤匙）碘盐，摄入的碘量就可以满足人体的需要。此外，常吃一些含碘较多的海带、海鱼、紫菜、虾皮等食物也可以预防碘缺乏病。

据专家介绍，4～6岁的儿童每天摄碘量应该在90微克左右，7～10

岁的儿童每天在 120 微克左右。如果每日用量超过正常量的 10 倍，连续数星期之后会出现碘中毒情况，临床表现为体重减轻、肌肉无力等症状。过量食用碘同样会引发甲状腺肿大，只是症状会较缺碘导致的结果稍轻。而且相对成人而言，青少年儿童更容易因碘过量导致甲状腺肿大。

碘以盐为载体，同样也会受到生理调节。即使在其他食物中完全没有碘的情况下，每人每天只要食用 5～15 克合格碘盐，人体就可以摄入 100～300 微克碘。因此，只要按照这样的标准，科学地食用碘盐，对碘营养不良的人可以起到预防作用，对碘营养良好的人也不会造成危害。同时，在购买食盐时一定要购买有指定商标、贴有碘盐标志的合格碘盐。

生理期和平常一样

女性的月经周期绝大多数是有规律的，每月一次月经，是一种正常的生理现象。但是它需要依赖丘脑下部、脑垂体、卵巢的协调和子宫内膜对性激素的周期性反应来支持，这些功能反应均受到大脑皮层这个"总司令部"的管辖，如果哪个方面出了毛病，就会影响妇女的健康。

妇女在月经期间与平时相比，身体要发生一些变化。首先经期受内分泌影响，大脑皮层兴奋性降低，免疫力下降，容易感染和诱发疾病。其次，此时生殖器官比平时容易感染发炎，因为经期盆腔充血，子宫内膜脱落时宫腔形成一些伤口。宫口平时紧闭，经期稍张开，病菌易侵入。此时阴道的酸度被月经冲淡，不利消灭病菌，而且月经又可促使病菌生长繁殖，所以月经期间若不注意自我保健，或者日常生活处理不当，易患急、慢性妇科疾病，甚至影响生育能力。因此，月经期间，除了比平时更加注意保持外阴卫生，以免引起外阴、阴道、尿道的感染发炎之外，还应注意以下七点不宜：

（1）情绪不宜激动。女孩进入青春期，开始来月经，这是一种正常的生理现象，要有正确认识，不必焦虑。应与平时一样保持心情愉快，防止情绪波动，遇事不要激动，保持稳定的情绪极为重要。如女孩子初潮缺乏经验，母亲或女性亲友应及时地指导与帮助其做好经期的自我保健。

（2）不宜太劳累。经期要注意合理安排作息时间，避免剧烈运动与体力劳动，做到劳逸结合。否则，会使盆腔进一步充血，血流加快，引起经血过多等不良现象。

（3）营养不宜缺乏。因为月经来潮后每月要损失一定量的血液，所以要适当增加营养，如蛋白质、维生素及铁、钙等。经期多吃一些鸡蛋、瘦肉、鱼、豆制品及新鲜蔬菜、水果等。

（4）不宜受寒凉。经期应注意保暖，避免着凉。不要涉水或下水游泳，或坐在潮湿、阴凉以及空调、电扇的风道口。也不要用凉水洗澡洗脚，以免引起月经失调。

（5）不宜饮浓茶。经期应适当多饮白开水，不宜饮浓茶。因为浓茶含咖啡因较高，能刺激神经和心血管，容易导致痛经、经期延长或出血过多。同时茶中的鞣酸在肠道与食物中的铁结合，会发生沉淀，影响铁质吸收，引起贫血。此外，经期更不能饮酒、吸烟、吃刺激性强的食物。

（6）不宜穿紧身裤。如果月经期间穿立裆小、臀围小的紧身裤，会使局部毛细血管受压，从而影响血液循环，增加会阴磨擦，很容易造成会阴充血水肿，甚至还会引起泌尿生殖系统感染等疾病。

（7）不宜高声哼唱。月经期妇女，呼吸道黏膜充血，声带也充血，甚至肿胀。高声哼唱或大声过急说话，声带肌易疲劳，会出现声门不合、声音沙哑、声带损伤等。

女孩子在身体敏感、脆弱的时候，要学会保护好自己，有任何不适症状，都要去医院，一切听从医生指导。

生理期洗头很安全

有人说："月经期间不能洗头，否则有致癌的危险。"医生指出：荷尔蒙（内分泌）失调不是由月经情况引起的，而跟生理、心理、环境、遗传因素相关。癌症则与人的生活环境和生活习惯有关，如果经期不注意生活习惯，可导致淤血内停，日久可引发病变，但不一定癌变。既然这样，那经期洗头就应该很安全，其实不然。

台湾的女医学博士庄淑旗女士，以中国医理的根基研究医学，她对生活潜心研究也发现，绝大多数的癌症患者均有极端的偏食习惯，并在调查中有惊人的发现，大多数的乳腺癌及子宫癌患者，喜欢在月经来潮时，洗头发、提重东西或产后不注意调养或吃冰冷食物，致子宫收缩不完全，而使体内荷尔蒙分泌不平衡，长久累积而致癌。

庄博士说：以往子宫大量出血的妇女，在妇科未发达以前，她们都不愿找医师看病，而有一个自疗方法，即是将头发用水打湿，则子宫收缩，血立刻止掉。因为这个原理，她发现，月经来潮时，不能洗发，不能吃冰冷食物，以免让应排出的污血未排净，而残留在子宫之内，日积月累，荷尔蒙分泌失调，而有可能引发乳腺癌、子宫癌……

中医认为头为六阳之首。生理期血液循环本来就比较差，洗头会让血液集中至头部，影响子宫血液循环，使子宫内的血液无法顺利排除干净，容易造成经血量的减少或痛经。另一方面，由于发根上的毛孔张开，这时如果受了风寒，就容易导致头痛的问题。尤其在夜晚或睡前洗头，由于夜晚为阴，头为六阳之首，阴阳相悖的情况下，头痛的情形会更严重。若是头发未完全干就马上就寝，在身体抵抗力及代谢力低的情况下，各种毛病就会找上来。

虽然医学专家对"经期洗头致癌"的说法做出了回应，但这并不表明经期洗头就是安全的。我们知道，女性在这个特殊时期骨盆会完全打开，以利于排泄子宫内的毒素、废物等，同时身体各部分也会在这一时期排除大量代谢物，包括人的头皮。而洗头则很容易使头皮毛囊堵塞，阻碍废物的排除，因此使代谢物淤积于子宫排不出来，从而导致许多疾病。

有的女性生理期较长，无法忍受 7 ~ 8 天不洗头，就应尽量在中午洗，而且注意洗头时间要短。如果洗完头要马上外出，可以戴上帽子，避免头部受到风寒。同时尽量避免在生理期的头两天洗，可选在经血较少的第三天以后再洗，洗完一定要完全吹干。此外应该养成生理期快来时先把头洗好的习惯。

近视了马上戴眼镜

近视了，看不清黑板，到底该不该配一副眼镜呢？

总有一些近视眼患者，宁可看不清东西，也不愿意戴眼镜，也有人有顾虑，怕戴上眼镜，近视度数会越来越深，以后再也摘不掉眼镜。这两种情况都不正确。由于近视眼使进入眼内的平行光线在视网膜前聚焦成像，造成看远处的东西不清楚。如果我们在眼睛前面戴上一副合适的凹透镜，就可以把在视网膜前的成像向后移动，正好落在视网膜上，看东西就清晰了，这样给生活、工作、学习都带来极大的便利。

假性近视的表现和真性近视一样，看远物模糊近物清楚，用近视镜片能矫正视力。其实，所谓假性近视是真性近视眼之前的一种疲劳状态，如果这种状态不能及时缓解，眼睛发生器质性改变就会形成真性近视。判断真假近视眼需要先做散瞳验光，因为散瞳可以解除眼睛疲劳，让紧张调节的肌肉放松，这样验出的屈光度才是准确的。假性近视是一种暂时性的、有可能恢复的近视现象，如果假性近视被误诊为真性近视，错误配戴近视眼镜，则会促进近视眼的发生与发展。如已发展为真性近视则应配戴合适的眼镜。

常戴眼镜与不常戴眼镜者的两种解释看起来都有道理，那么该怎么办呢？下面我们将从近视眼的病因、调节、辐辏及两者关系和调节性辐辏与调节比值方面来分析该不该长期戴镜。

经过近年来长期反复争论，现今多已承认遗传与环境是近视眼形成的主要原因，并指出环境条件是决定近视眼形成的客观因素。绝大多数患者在青少年时出现近视，青少年眼的调节力特别强，对近距离工作学习有高度适应性，看近不易疲劳。睫状肌长时间过度紧张，在看远时不能放松，因而物像不清形成近视。若未及时采取措施使睫状肌放松，则会影响眼组织代谢机能，眼球前后径变长成为真性近视。

人眼为了使不同距离的目标结像于视网膜，必须增加其屈光力，称之为调节。它的作用机理使在视近时睫状肌受到副交感神经冲动收缩，悬韧带放松，晶体凸度增加，物空间非远点增加物空间非远点平面与视网膜依次发生共轭关系，长时间的近距离工作，睫状肌疲劳甚至痉挛，出现调节性近视，发展下去则成为不可恢复的真性近视。人眼在观察无穷远物体时两眼视轴平行。但为了对近物达到两眼的单视的效果，视轴必须向内转动，即产生辐辏（集合）现象。也就是说人眼视近时调节所引起的辐辏则是其中的一部分。

为了保持双眼单视，在长期的实践中使调节与辐辏之间形成两者互相搭配的联动的关系。又因生理或某些病理的需要，两者之间又有一定程度的单独运动。由调节所带动的辐辏称调节性辐辏（AC），它与调节（A）的比值即 AC/A 在临床上用于评价两者的协调关系，来调整眼镜的度数，解释临床上的症状。

从以上的分析可以看出，为了控制近视的发展，首要的一点是学习时，距离不能太近，戴镜后应该用不小于 1 尺（1 尺≈0.33 米）的正常距离，而且注意学习时间不能太长。然而，近视患者在戴上眼镜后常习惯性地用未戴镜距离阅读，这样更加重了眼肌调节的负担，促使近视度的继续发展。因此，用眼卫生教育是一项非常重要的工作。

在保证用眼卫生的前提下再从调节、辐辏方面判断长期戴镜是否会使近视度数加深，调节可以带动辐辏，但不同的个体联动的效应不同，即 AC/A 值不同，近视患者不戴镜阅读时矫正视者付出的调节少，也就是说由调节引起的辐辏较少。若患者双眼单视中调节性辐辏发挥的作用大，即 AC/A 值高，那么患者在未戴镜阅读时更易疲劳，这种近视患者应该长期戴镜；相反，AC/A 值低者可以在视近时不戴眼镜。

近视患者看书、写字或工作时，常喜欢离得近一些，近视度数越大，目标离眼球越近。为了使两眼都能看眼前的东西，必须把眼球向内转，眼球内转靠内直肌收缩来完成，称为集合作用。距离越近，集合作用必然越强。近视患者如果戴上合适的眼镜，就不必把东西放在离眼很近的地方，过度的集合因而得到缓解。同时，也不会由于眼外肌长期压迫眼球，使眼球前后径继续加长。

其实我们所说的近视戴眼镜，指的是那些比较严重，影响到学习工作的学生。因为一开始的很多近视患者都是假性近视，这种近视情况，通过科学的方法可以得到改善或者是视力恢复。但严重者，就应该佩戴眼镜了。

有色太阳镜对眼睛好

莫让有色眼镜危害健康。享受阳光的同时还要注意保护健康，必备的外出用品之一就是太阳镜。以往，太阳镜的颜色主要以深棕色和深蓝色为主，而这两年，市场上出现了五颜六色的有色眼镜：粉红的、棕黄的、淡紫的、浅绿的，样式都特别时尚。很多年轻人认为有色眼镜就是太阳镜，而且戴起来特别酷，于是纷纷赶时髦去选用。其实，这是一个误区。

人们戴太阳镜是为了防护紫外线对眼睛的灼伤，白内障患者戴太阳镜是为了降低可见强光对眼睛的刺激、减少红外线透过人眼的晶体到眼底的伤害。但有色眼镜并不一定都能阻挡紫外线，只有在镜片上另外涂上抗紫外线膜时，才能作为太阳镜使用。因而，某些劣质太阳镜不能阻挡紫外线的射入，而且镜片透光度严重低下，眼睛犹如在暗室中看物，致使瞳孔变大，残余的紫外线会大量射入眼内，使眼睛受损而引起日光性角膜炎、角膜内皮损伤、眼底黄斑变性等疾病。有些不符合标准的太阳镜镜片会屈光度超标或是镜片表面不光滑、有凸起及棱形界面，甚至有气泡。当眼睛注视外界物体时产生扭曲、变形，使眼球酸胀，导致恶心、食欲下降、健忘、失眠等视力疲劳症状，长时间戴容易导致视力下降、近视等眼部疾患。所以，选购太阳镜要到专业的光学眼镜店及正规的商店。

对老年人及青光眼或疑似青光眼的人来说，要尽量减少戴有色眼镜的时间。因为一方面老年人晶体老化膨胀，长时间戴深色眼镜会引起虹膜根部堆积，造成房水流出受阻，引起眼压增高；而对青光眼病人或疑似青光眼者，更易造成青光眼发作。另一方面，青光眼病人的对比敏感度下降，深色眼镜更会加重患者视物不清症状，从而影响视力。此外，不宜让儿童佩戴太阳镜，因为太阳镜会使儿童视网膜所获的光刺激大大减弱，影响视觉发育，甚至形成弱视。

很多人为了美丽，连隐形眼镜都使用有色的，但是你可知道这种不经检查随意变化颜色的新时尚也引发了更多眼病隐患。

专家说，现在有些隐形眼镜佩戴者看到别人戴蓝色眼镜，就到眼镜店随便买一副戴上，时间不长就会觉得眼睛发紧、有异物感、干涩流泪，甚至出现充血发炎的情况。这是因为彩色隐形眼镜是在普通隐形镜片上加镀了颜色，镜片的透氧、透气性相应降低，因此稍有佩戴不当极易造成结膜炎、角膜溃疡等眼部问题。加之，不同品牌不同颜色的镜片都有固定的角膜曲率，别人戴着好看，不一定适合自己，因为不同的人角膜曲率不同。应到专业医疗配镜机构，检查角膜曲率后，由医生推荐配戴相关品牌的彩色镜片，如果需要更换颜色也要在医生指导下。

专家敬告时尚近视患者，彩色隐形眼镜的中央透明区是固定的，它不能随光线的强弱像眼睛瞳孔那样变大变小，在夜晚或光线暗的空间，戴彩色隐形眼镜会出现视物模糊，因此晚上和开车时都不宜佩戴。即使在稳定的光线下，彩色隐形眼镜也会因为眼球的移动而阻挡视线，从而容易出现视疲劳，也不宜长期佩戴。

长期配戴有色眼镜会使视觉的敏锐度下降，出现视物模糊、视力疲劳、头晕、眼花、眉弓疼痛等不适症状。间断配戴、适当休息和做眼部保健操，可以消除上述症状和不适。

腿抽筋补钙就够了

抽筋的学名叫肌肉痉挛，是一种肌肉自发的强直性收缩。发生在小腿和脚趾的肌肉痉挛最常见，发作时疼痛难忍，尤其是半夜抽筋时往往把人痛醒，有好长时间不能止痛，且影响睡眠。

腿脚抽筋大多是以下五种常见原因引起的：

（1）寒冷刺激。如冬天在寒冷的环境中锻炼，准备活动不充分，夏天游泳水温较低等，都容易引起腿抽筋。晚上睡觉没盖好被子，小腿肌肉受寒冷刺激，会痉挛得让人疼醒。

（2）肌肉连续收缩过快。剧烈运动时，全身处于紧张状态，腿部肌肉收缩过快，放松的时间太短，局部代谢产物乳酸增多，肌肉的收缩与放松难以协调，从而引起小腿肌肉痉挛。

（3）出汗过多。运动时间长，运动量大，出汗多，又没有及时补充盐分，体内液体和电解质大量丢失，代谢废物堆积，肌肉局部的血液循环不好，也容易发生痉挛。

（4）疲劳过度。当长途旅行、爬山、登高时，小腿肌肉最容易发生疲劳。因为每一次登高，都是一只脚支持全身重量，这条腿的肌肉提起脚所需的力量将是人体重量的 6 倍，当它疲劳到一定程度时，就会发生痉挛。

（5）缺钙。在肌肉收缩过程中，钙离子起着重要作用。当血液中钙离子浓度太低时，肌肉容易兴奋而痉挛。青少年生长发育迅速，很容易缺钙，因此就常发生腿部抽筋。

现实中有很多青少年一提起腿抽筋，下意识就想到补钙。的确，缺钙是腿抽筋的原因之一，但很多青少年会发现，钙片服了很多，但情况不见好转，半夜依旧伴着阵痛醒来，难道是钙片补充的不足？

其实不然，最常见的一般是受凉缺钙，但还有一种就是缺镁。镁是人体不可缺少的矿物质元素之一。镁几乎参与人体所有的新陈代谢过程，在细胞内它的含量仅次于钾。镁影响钾、钠、钙离子细胞内外移动的"通道"，并有维持生物膜电位的作用。

镁元素的缺乏，会对人体健康造成危害。现代医学证实，镁对心脏活动具有重要的调节作用。它通过对心肌的抑制，使心脏的节律和兴奋传导减弱，从而有利于心脏的舒张与休息。若体内缺镁，会引起供应心脏血液和氧气的动脉痉挛，容易导致心脏骤停而突然死亡。另外，镁对心血管系统亦有很好的保护作用，它可减少血液中胆固醇的含量，防止动脉硬化，同时还能扩张冠状动脉，增加心肌供血量。而且，镁能在供血骤然受阻时保护心脏免受伤害，从而降低心脏病突发死亡率。同时，科学家还发现，镁可以防止药物或环境有害物对心血管系统的损伤，提高心血管系统的抗毒作用。美国癌症研究所的伯格博士通过大量的研究证实，镁元素与癌症的发病率呈反比。凡是土质含镁量高的地区，癌症发病率偏低；而含镁较少的地区，癌症发病率较高。

不良的饮食生活习惯致使缺镁现象日益严重起来。如果鱼肉虾蛋等动物性食物在人们食谱中所占比例过大，那么其中大量的磷化合物即会阻碍镁离子的吸收；精加工后的白米、白面外观虽动人，却使镁的损失高达94%；软水中缺镁，价格昂贵的纯净水不宜长期饮用；饮酒会使食物中的镁在肠道吸收不良，并使体内的镁排泄增加；如果咖啡和茶喝得太多太浓，也能造成人体内缺镁；食盐过多同样会促使细胞内镁含量减少。

人体缺镁害处多多，为保证从食物中摄取到足够的镁，以下七点必须充分重视：①不以软水代替硬水。②节制鱼虾肉蛋类含磷量过多的食物。③咖啡和茶的浓度不宜过高。④低盐饮食，每日吃盐 6 克以下。⑤尽量少喝或不喝酒。⑥饮食中经常补充一些粗粮，如玉米、麦片、黑面包等。⑦每餐多吃些绿色蔬菜。

生活要中注意一些预防抽筋的细节：

（1）不在通风不良，或密闭的空间做长时间或激烈的运动。

（2）长时间运动之前、中、后，皆须有足够的水分和电解质的补充。

（3）在日常饮食中摄取足够的矿物质（如钙、镁）和电解质（如钾、钠）。矿物质的摄取可从牛奶、酸奶、绿色叶类蔬菜等食物中摄取，电解质可从香蕉、柳橙、芹菜等食物或一些低糖的饮料中获得。

（4）不穿太紧或太厚重的衣服从事运动或工作。

（5）运动前检查保护性的贴扎、护套、鞋袜是否太紧。

（6）运动前做充足的准备运动和伸展操。

（7）冷天运动后须做适当的保温，如游泳后应立即将泳衣换下，穿上保暖的衣物。

（8）以放松的心情从事运动或工作。

（9）晚上睡觉时易抽筋者，在睡觉前需做一些伸展操，尤其是易抽筋部位的伸展。

（10）不做过度的练习。

（11）运动前对易抽筋的肌肉做适当的按摩。

舔舔干裂的嘴唇

很多人都会被嘴巴的问题搞得很心烦。刚开始的时候嘴唇只是干干的，后来发展到一笑嘴唇就裂开。虽然现在结痂了，可不能太过用力，吃东西的时候嘴巴也不敢张得太开，说话大声点结痂的地方也会裂开，想涂点唇膏也没办法。

专家分析说造成嘴唇干裂有很多原因：

经常舔嘴唇。嘴唇干燥不舒服，很多人会下意识地舔唇，结果却往往越舔越干，越干越舔，形成一个恶性循环，甚至舔得口唇周围皮肤粗糙变厚，甚至嘴唇肿胀，形成医学上的"舌舔皮炎"。无论是从健康还是美观的角度考虑，还是改掉舔唇这个不太雅观的习惯吧。

购买没有品质保证的唇膏。由于廉价唇膏里含有大量未经仔细提纯的油和太多的蜡，其中一些是不稳定的动植物天然油脂，很容易氧化后发出异味；太多的蜡质，会影响唇部皮肤的新陈代谢。所以一定要选择正规品牌，这样才能保证买到的唇膏原料纯净，功效突出。

做防晒保护时忘记嘴唇。嘴唇的皮肤没有色素保护，颜色又比其他部位的皮肤深，所以，最容易吸收紫外线。因此无论什么季节，都要选用有防晒成分的唇膏。

过多使用不脱色唇膏。不脱色唇膏内含有易挥发成分，而且，大部分不脱色唇膏都不含油，滋润性比其他唇膏要低，但是其不脱色的优点的确很吸引人。因此，在涂不脱色唇膏前，应先涂一层润唇膏打底，然后用面巾纸抿一下吸取一部分油脂，以免融化唇膏降低不脱色功能。早晚更应用具有滋润修护功能的润唇膏。

嘴唇上残留牙膏。对牙齿有益的成分，不一定对嘴唇有益。事实上，残留在嘴唇上的牙膏会夺去宝贵和稀少的油脂和水分，造成嘴唇干裂。所以一定要洗干净嘴唇上的牙膏，同时切忌清洗时使用香皂，因为牙膏的脱脂能力已经很强了。

许多人都喜欢犯这样一个错误，嘴唇处于干燥状态的时候，就会舔嘴唇或用唾液湿嘴唇，以为这样就会让嘴唇远离干燥的困扰。殊不知这种习惯对唇周皮肤是有害的。

在干燥的冬季用舌头舔嘴唇会造成两个问题：①会造成唇角发炎。当用舌头舔嘴唇时，会在唇部留下唾液。唾液中含有多种能够帮助消化

的酶，其中有两种酶，一种叫淀粉酶，另外一种叫麦芽糖酶，均可引起唇角发炎，这是因为在唇边残留的这两种酶等于在"消化皮肤"。②引起较为常见的刺激性皮炎，这也是唾液惹的祸。专家解释说，其实与人们想象的并不一样，舔嘴唇并不能使嘴唇湿润。因为当用舌头舔嘴唇时，所带来的水分会蒸发，而蒸发时，又带走了唇部本来就比较稀少的水分，使得嘴唇更感干燥。然后就是越干越舔，越舔越干的恶性循环，最后就在唇部造成了类似湿疹的后果。不过这种"湿疹"不是"湿"的，而是"干"的，会使嘴角的皮肤变得粗糙起来，出现与周围皮肤不一样的颜色。

如何面对冬季嘴唇干裂？专家们从饮食、预防、护理上提出了很多好建议。

从中医的角度解释，嘴唇干裂可能是因为体内贫血或者肺虚而引起，建议补血，或用麦冬、贝母等中药材进补润肺。平时多喝水、保持饮食均衡，则是保持嘴唇湿润有光泽的最简单有效的方式。少吃刺激性和酸性的食物，如麻辣的菜肴、泡菜等，因为这类食物会让嘴唇更刺痛。最好多摄取含有维生素 A、维生素 C、维生素 E 的食物，改善嘴唇干裂的情形。

解决嘴唇干裂的办法是经常使用防裂唇膏，女孩子可用有保湿功能的化妆唇膏。用唇膏不仅能够阻止皮肤里的水分向外蒸发，也能在你下意识地舔嘴唇时保护你的嘴唇不受唾液的"非礼"。

起床后立即叠被

伸个懒腰起床了，第一件事先把被子叠好，你是不是也习惯这样做呢？感觉自己很勤快，但人睡眠的时候身体排出的毒素附着在被子上，就这样被你又积累起来了，长此以往，能不生病吗？

"早睡早起身体好"是人们耳熟能详的生活谚语，但科学实验表明，这种作息模式的生理效果适得其反。早起不仅令人整日神经紧张、情绪恶劣，而且会有肌肉酸痛和头痛等症状。很多人早晨起床后，会立即将被子叠起来。其实这是不对的，因为人在一夜睡眠的过程中，呼吸道及全身的皮肤毛孔会排出一些废气，同时皮肤细胞也会排泄一些代谢产物和皮屑等，这些物质都会散布在被子中。起床后立即叠被子，身体排泄出来的代谢物就会继续停留在被子里，等到再次使用被子时，里面的贮存代谢物就会危害身体。因此，早上起来后，应把被子翻过来，让夜间睡觉所产生的水蒸气和汗液挥发掉。

所以，早上醒后不忙起床，先静躺 5 分钟，同时做 10 次深呼吸，然后缓慢坐起。

因为人在一夜的睡眠中，从呼吸道排出的化学物质和从汗液中蒸发的化学物质各有一百多种。这些水分或气体都被被子吸收和吸附，若立即叠被，易使被子受潮，污染物不易挥发，再次使用会对人体造成不良影响。因此，起床后不宜立即叠被。应当把被子翻开，开窗通气，使水分与气体自然散逸，等待附着在被子上的毒素彻底排空。还应经常晒被子，利用紫外线杀灭病菌。同时，注意个人卫生，勤换床单、被罩等生活用品。

另外，还要注意起床的时间。据报道，伦敦西敏大学的生理学研究人员对 42 位志愿者进行了一项早起试验。他们请志愿者连续两日、每日 8 次提供唾液样本，而每日的第一份唾液在早晨醒来马上收集。志愿者起床的时间最早为清晨 5 时 22 分，最晚是上午 10 时 37 分。学者们化验在 7 时 21 分之前起床的半数志愿者的唾液时发现，他们的皮质醇分泌明显高于晚起的人，而且整日维持高水平。

皮质醇，也可称为"可的松"或"氢化可的松"，是肾上腺在应激反应

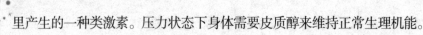

里产生的一种类激素。压力状态下身体需要皮质醇来维持正常生理机能。

正常情况下，身体能很好地控制皮质醇的分泌和调节血液中皮质醇的含量，但并不总是如此（而以后者情况居多）。正常的皮质醇代谢遵循这一种生理节奏，是一个周期为 24 小时的循环，一般皮质醇水平最高在早晨（约 6—8 点），最低点在凌晨（约 0—2 点）。通常在上午 8—12 点间皮质醇水平会骤然下跌，之后全天都持续一个缓慢的下降趋势。从凌晨 2 点左右皮质醇水平开始由最低点再次回升，让我们清醒并准备好面对新的充满压力的一天。打破规律则会使皮质醇水平在本该下降的时候升高。

怎么舒服怎么睡

俗话说，人生有 1/3 的时间是在睡觉。实际上，如果你的睡眠出问题，这 1/3 的时间，也会大大影响你另外 2/3 的活动时间。美国著名心理学家指出，正确的睡姿可让身体有机会好好地进行新陈代谢，恢复体力，提高免疫能力，并有助于提高记忆和学习能力。

然而，要减少身体上的压力，维持脊椎自然"S"形是非常重要的。姿势不正确，会造成背部肌肉过度疲劳，结果产生背痛或背部僵硬的问题。谈到正确姿势时，很多人都知道在日常生活或工作中，要"善待"背部，以免让它负荷过重，但是有一点却是许多人都忽略了的，就是在睡觉时也应该保持良好的睡姿。睡眠姿势不外乎俯卧、仰卧、侧卧这几种。由于各人的习惯不同，有人喜欢侧卧，有人喜欢仰卧……有统计资料表明，在各种睡眠姿势中，侧卧占 35%，仰卧占 60%，其余 5% 为俯卧。从睡眠卫生的要求来说，以双腿变屈朝右侧卧的睡姿势最合适。这样，使全身肌肉松弛，有利于肌肉组织休息、消除疲劳，不会使心脏受压，还可以帮助胃中食物朝十二指肠方向推进。

"卧如弓"是经常挂在人们嘴边的口头禅，说的是睡眠时侧卧的姿势。为什么睡觉时要"卧如弓"呢？其中确有一定的科学道理。睡眠的姿势有仰卧、俯卧、侧卧等多种。仰卧位是最为常见的睡卧姿势，古人称这种睡眠姿势为"尸卧"，即死人的卧姿，这种称谓虽说不雅，但四肢可以自由伸展，体内的各个器官也较为舒适，不过仰卧位时不利于全身充分放松，尤其是腹腔内压力较高时容易使人产生憋得慌的感觉。俯卧时可阻碍胸廓扩张，影响呼吸，并且可使心脏受压，是一种不利于健康的睡眠姿势，不宜采取。侧卧时，双腿微屈，全身易于放松，有利于解除疲劳，尤其是采取右侧卧位时，既不至于对心脏产生压迫，同时也有利于胃内食物向肠内输送，是最佳的睡眠姿势。

古代养生学家也是主张睡眠时以侧卧为宜。如《千金要方·道林养性》中指出："屈膝侧卧，益人气力，胜正偃卧。按孔子不尸卧，故曰睡不厌卧，觉不厌舒。"说的是屈膝侧卧胜过正面仰卧，由于孔子不主张"尸卧"（即正面仰卧），所以他说侧卧时不怕弯身屈腿，醒过来时不怕舒展肢体。正是由于侧卧时将躯体侧弯成"弓"形睡得更安稳，更有利于健康，所以有"卧如弓"之谓。

从生理学观点看，右侧卧是比较科学的。右侧卧时，右肺空气吸入量占全肺的59%，右肺循环血量占全肺的68%（由于重力作用，下肺的肺血流量肯定多）。而左侧卧时，左肺的上述两项指标相应为38%和57%。空气吸入量所占百分比与血流量所占百分比相比，右侧卧时较为接近（相差9%），左侧卧时相差较大（相差19%），而人体需要的氧经气体交换后是靠血液来运输的，由此看右侧卧优于左侧卧。另外，心脏位于胸腔内左右两肺之间而偏左，左侧卧时心脏易受挤压，易增加心脏负担，正常人侧卧时以右侧为合理。但侧卧要注意睡的枕头不宜太低，否则会使颈部感到不适。

还有就是不能伏案睡觉。午休时间，许多人习惯于伏在办公桌上打个盹。这种休息方式是不利于健康的。首先，人在睡熟之后，由于全身基础代谢减慢，体温调节功能亦随之下降，导致机体抵抗力降低，特别是在气温较低的冬春季，即使背部盖有衣物，醒来后，往往也会出现鼻塞、头晕等症状。同时，当头部枕在手臂上时，手臂的血液循环受阻，神经传导也受影响，极易出现手臂麻木、酸疼等症状。其次，伏在桌上睡觉还会殃及大脑。这是因为此时头部的位置过高，入睡时流经脑部的血液减少，容易引起脑缺血。经常采用这种方式睡眠，势必会因大脑的氧和其他营养物质减少而造成对大脑功能的影响。所以，应尽量少伏案睡觉，以利健康。

所以，青少年要培养有规律的睡觉习惯和正确的睡姿，在生活中善待自己。

蒙头睡觉有益睡眠

如果你从小养成了一个习惯——蒙头睡觉，你觉得这样的环境你才睡得香，睡得安静。如果你家住在闹市区，每夜噪声不断，为了让自己的睡眠不受噪音干扰，你想了个好办法：蒙头睡觉。这样做过之后，你觉得自己彻底地和外面聒噪的声音隔绝了。当一切都安静下来以后，的确睡得很安稳，你也乐于在这种环境下睡觉，你觉得这样可以改善自己的睡眠状态。的确这样的睡觉习惯带给你益处，但你知道它会潜移默化带给你什么危害吗？

首先，蒙着被子睡觉会严重影响呼吸。因为蒙头后使头部空间变小，空气难以流通，呼吸使氧气的量逐渐减少；与此同时，因呼出的二氧化碳难以散出而使头部周围的二氧化碳越来越浓。如此，呼吸的气体便不能使肺与血管充分地进行气体交换，致使身体各部分器官失去良好的调节，新陈代谢速度降低。所以有这种习惯的人早晨醒来常常眼皮浮肿，精神萎靡，没精打采，甚至哈欠连连，浑身发酸。这种症状主要是大脑代谢受到影响的表现。虽然人已起床，但大脑却仍处于半睡眠状态，脑神经的活动不能马上恢复正常。这种状态如何能读好书或做好工作呢？有的甚至能影响一整天的工作和学习。

其次，蒙头睡觉会使被窝里的空气不流通，外面新鲜空气进不去，那么人呼出的二氧化碳就会越来越多，吸进的氧气就会越来越少。由于二氧化碳强烈刺激呼吸神经中枢，就会使人出现憋气、全身出汗、多梦等症状，甚至从梦中突然惊醒。时间长了，会因缺少氧气使心脏严重受损，引起心脏病。大脑缺氧还会引起气闷、头痛、眩晕、精神不振、眼皮肿胀、记忆力减退等疾病，严重的还会发生昏迷。而且，被子里有很多致病菌，进入人体内易引起支气管炎、肺结核等病症。

人睡着后仍需要吸进氧气，人体只有吸进足够的氧气才能保持身体各个器官的正常活动，才能获得充沛的精力。因此睡觉时最好把头部露在被子外面。外面空气中富含的氧气要比被窝里残存的那些污浊的空气强得多。另外，充足的氧气还是你获得优质睡眠的最佳保证。因此，睡觉时不蒙头自然能提高你的睡眠质量，有了充足的氧气，你才不会出现多梦多汗的症状。

还有，人体是一个有机的整体，如果单方面受制约肯定会影响到其他器官的正常运转。因此，如果蒙住头部，受害的就不会仅仅是头部，还会包括心脏及其他呼吸系统器官，把头露在外面则可以解决这个问题。还等什么呢？把被子往下拉一拉，露出头来吧，外面的空气总比里面好得多。

其实，长期蒙头睡觉，对人体的影响远不止这些。它对人体的生理和心理都会产生较长久的影响，缓慢地侵蚀着机体的健康，降低学习和工作的效率，使疲劳难以恢复。

由此可见，蒙头睡觉决非好习惯。有此习惯的人为了自己的身体健康，为了能更好地学习和工作，一定要下决心改掉。其实改掉这种习惯也不难，如果是因为恐惧，首先应该消除心理负担，树立唯物主义信念，破除迷信，多参加社会活动和体育锻炼，养成开朗的性格；如果只是为了保暖，或是怕改变习惯后睡不着觉，那也不难办，可在睡前用热水泡脚，或饮一杯热牛奶，这都有助于入睡。

睡觉的时候紧闭窗户

日本的著名医学家古井正夫曾做过这样一个实验：把两只小鼠分别放在通风和不通风的环境下生存，结果一个星期过后，在通风环境下的小鼠精神明显要比另外一只小鼠好得多，并且两只小鼠的健康程度也大相径庭，前者要明显好于后者。

看完了上述案例，你是否会联想到当前青少年普遍存在的一个问题：害怕晚上着凉，又或者是外面的环境太吵影响休息，所以他们选择晚上睡觉前把窗户关好。你认为这样自己就能睡得安稳吗？不知道早晨起床的时候，你会不会感到四肢无力，头晕眼花，整个人无精打采呢？

我们知道，环境的好坏与人的身体健康息息相关，晚上睡觉关上窗户阻隔了室内外空气的流通，使人呼吸不到新鲜空气，这样很容易引发各种呼吸道疾病和睡眠问题。国外的医学权威人士研究表明：一个人如果在空气流通不畅的环境下生活，他患肺癌和失眠症的概率将会是正常情况下的50多倍。医学专家也称，在夏季高温环境下，人体内热量的散发会受到阻碍，周围的热量也会反向辐射于人体。当高温闷热时，汗水附着在表皮上难以被蒸发掉，因此不容易离开人体，从而导致体热难以散失。当累积到一定程度，便会使大脑中的体温调解中枢功能发生障碍，出现头昏、眼花、心慌等症状，这就是我们所说的中暑。尤其是现在青少年学习压力大，如果生活上再得不到科学的照顾，势必会影响学习和身心健康。

因此，青少年要尽早走出睡觉紧闭窗户的误区，白天睡觉的时候要常常保持室内空气的清新，对你的健康将会大有裨益，而夜晚睡觉时适当给窗子留点小缝隙，就可以保持室内空气的清新，特别是夏天，要时刻保持空气的通畅，严防中暑。

临睡前，你还可以把窗户稍微打开一些，给屋外清新、干净的空气留下一个可以自由进入的通道。其实，人在睡眠时，大脑中的部分细胞仍在兴奋，而进来的新鲜空气，则恰恰可以给这些兴奋的细胞提供足够的氧气，让你在早晨起床时不致头晕目眩。另外，由窗而入的新鲜空气还具有很奇特的催眠作用。处于生长发育期的青少年如果注意夜晚睡觉时把窗户的通风性搞好，将会对你的睡眠很有帮助。

现在的青少年往往很小就开始了"独立生活"，父母给孩子们预备单独的房间让他们成长、学习、生活，既让孩子早早熟悉独立，又给孩子一定的隐私空间。这就要求青少年自己要照顾好自己的生活，在生活中汲取知识，平时要注意勤开窗，通通风。同时，父母们也要适时关注孩子的生活，正确指导孩子的生活。

夏天开着空调睡觉

夏天酷热难耐，电风扇似乎已经不能满足人们的需要了，于是空调入住了越来越多的家庭。面对让人烦躁不已的高温和汗水，还有恼人的

蝉鸣之声，在结束了一天的紧张学习之后，你坐上公交车迅速赶回家中。家里的空调可要比学校里强得多，你坐在紧靠空调风口的椅子上吃过饭，做完作业，然后上床休息，空调当然是一夜不关。无论中午还是夜晚"开着空调盖被子"似乎成了一种时尚。也许在这样的环境下你得到了丝丝凉意，也许在这样的环境下你那大滴大滴的汗水也退了回去，可你真的觉得这样对自己很好吗？

长期在空调房间中会导致汗腺关闭，影响正常的代谢和分泌；而长时间静坐不运动又会造成颈部运动平衡失调，使颈部肌肉、神经、脊髓、血管受累，久而久之就会导致局部性的颈椎病，轻则脖子发僵、发硬、疼痛、肩背部沉重、上肢无力、手指麻木，重则出现头痛、头晕、视力减退、恶心等异常感觉，甚至大小便失禁。空调的确能让炎热的夏天变得凉爽惬意，但长时间开空调的危害也不小。这是因为，人体的最适宜温度是25℃，在这个温度下，人体各种器官的运转最为正常。如果久开空调，室内温度就会不断下降，在这种环境下休息，你就会很容易着凉。另外，久吹空调还会产生难以治疗的"空调病"，你会出现类似感冒的症状：流鼻涕、发低烧，甚至出现头晕目眩等症状。另外，在这种温度下，有些细菌也易滋生，大量细菌会侵入你的身体，让你患病。冷气一旦攻破了呼吸道的脆弱"防线"，则出现咳嗽、打喷嚏、流涕等感冒的症状，即上呼吸道疾病。

夏天抵御酷暑的办法有很多，临睡前冲个凉水澡，把窗户打开通风等都是不错的选择。如果开空调防暑，最好的办法就是只开半小时，等室温降下来以后即可。你可以启动空调的定时装置，把空调调到半小时以后关闭。半小时的冷风，足够使室温降下来，没必要久吹空调。

如果你已有"空调病"的症状，也无需惊慌。你可以把空调关闭，然后打开窗户，让户外的新鲜空气进入，或者服用几粒抗感冒药物。如果家里有绿豆汤，也可以多喝一些，这些东西对治疗"空调病"均有一定疗效。上述方法都不见效的话，你就该找医生了，让医生帮你治疗一下，尽快恢复健康才是最重要的。

尽量避免长时间待在空调房间里，如果有条件最好把室温恒定在24℃左右，室内外温差别超过7℃，还要经常开窗换气，确保室内外空气的对流。开机1～3小时最好关一段时间空调，打开窗户呼吸新鲜空气，自然的冷空气是最好的。如果条件不允许，自己最好每隔一小时到室外的走廊等有窗户的地方换换气，尤其是午休时间要到户外，最重要的是千万别因为热就到空调下直吹。一旦感觉头晕、眼花，一定要及时离开空调房间呼吸新鲜空气。很多人没有意识到长期吹空调造成的危害，觉得也就是得个感冒、头晕头疼而已，尤其是年轻力壮的人更不在意。殊不知，冷空气对关节的损害是很大的，如果不注意保暖，上了年纪很容易患上关节炎，再治就难了。

总之，在夏天开空调时，一定要注意适度，不可只贪图凉爽而搞坏身体，否则，就会妨碍到青春期的学习和成长。可以先把窗户关好打开空调，待室内温度合适后关掉空调，注意保持室内温度的稳定，这样的凉爽可以持续一整天。

睡到自然醒

睡了8个小时，可你还是赖在床上不想起，为自己的懒惰找了个借口——"睡到自然醒吧"，又睡了过去。

睡眠是人体的一项生命活动，据测定，青少年如每天有6.5～8小时的良好睡眠，91.7%的人可解脱倦意、恢复体力。不少人以为，处在发育期的青少年多睡些，有益于脏器的发育及身心健康，机体的生物活力能增强，人会长得更高更结实。其实这种观念是错误的。一个正常的青少年，经常赖床迟起（指睡眠超过 10 小时），非但不会增添精神，而且常常会造成以下六种并发症。

（1）导致肥胖。时常赖床贪睡，又不注意合理饮食（摄入过多肉食和甜食），加上不爱运动，三管齐下，能量的储备就会大于消耗，以脂肪的形式堆积于皮下，只需一年半左右时间，你就会发现自己成了一个胖子。肥胖构成潜在的危害，成年时期就会出现心脏病、高血压、乳腺病、糖尿病、肢体畸形等病症。

（2）令人神思恍惚。起床后头脑沉甸甸的，浑身无力，心烦意乱，什么也不想干。据分析，这可能是因为赖床"用脑"，消耗了大量的氧气、血糖、蛋白质、卵磷脂等能量要素，以致脑组织出现暂时性"营养不良"。

（3）破坏生物钟效应。不良的生活习惯，特别是睡眠习惯，必然会扰乱内分泌的正常工作，破坏了正常的生物钟规律，直接影响人的行为，所以必须注意睡眠时间的均衡，保持良好的生活规律。

（4）影响胃肠道功能。赖床者因为舒适的睡意睡没了食欲，宁可让肚子空着也不愿起床进餐。日复一日，由于胃肠经常发生饥饿性蠕动，黏膜的完整性遭到破坏，很容易发生胃炎、溃疡和消化吸收功能不良等疾病。

（5）肌张力下降。机体经过一夜的休息，早晨时肌肉和骨关节通常变得较为松缓。如果醒后立即起床活动，一方面可使肌组织张力增高，以适应日间的活动。另一方面，通过活动，肌肉的血液供应增加，使肌组织处于活跃的修复状态，同时将夜间堆积在肌肉中的代谢物排出。这样有利肌纤维增粗、变韧。赖床的人，因组织错过了活动良机，动与静不平衡，起床后时常会感到腿软、腰骶不适、肢体无力。

（6）毒害呼吸器官。卧室的空气在早晨最浑浊，即便虚掩窗户，亦有 23% 的空气未能流通、交换。空气中含有大量细菌、霉变发酵颗粒、二氧化碳、水气和灰尘等物，这些不洁成分会给机体带来麻烦。那些闭窗贪睡的人经常会感冒、咳嗽、咽喉痛及头晕脑涨等。另外，高浓度的二氧化碳可刺激呼吸中枢，使人呼吸不自在。有人指出，经常遭受二氧化碳的毒害，记忆力和听力可能会下降。

任何事物都具有两面性，充足的睡眠有益于身心健康，但过量睡眠就会对机体造成损伤。

让五颜六色的头发展示"个性"

无意中，你被韩剧中流行的各款色彩、各种发式打动了。于是，你跑到楼下的理发厅内给自己也染个头发，徜徉在大街上感觉着别人投来的目光，你有了这种念头：染发能让我更引人注目，要不怎么会有这么多人看我呢？

五颜六色的头发虽然很漂亮，可染发剂中含有氧化染料，若与头发中的蛋白质形成完全抗原，发生过敏性皮炎，轻者头皮红肿、灼痛，重者整个头皮、脖子、脸部都会发生肿胀、起水泡，甚至化脓感染。而且有的染发剂本身就是一种潜在致癌物质，如 2－4 氨基苯甲醚，容易积存在体内，使体内细胞增生，且突变性强。如果经常染发，再加上清洗不净，染发剂中的醋酸等物质便会在体内积存，引起中毒，并且易患皮肤癌、膀胱癌、肾癌等。

美国哥伦比亚大学的浦跃朴教授对染发剂的毒性做过专门的研究，结果非常惊人：使用染发剂的人，患血液疾病的相对危险度，是不染发人群的 2.495 倍，停用染发剂后，相对危险度下降 30.61%。患白血病的相对危险度，是不染发人群的 3.428 倍，停染后，危险度下降 41.63%。

如今，染发已经成为一种流行时尚。但追求美丽千万不能以牺牲健康为代价。

研究表明，染发对以下四种人危害最大：

（1）每年染发四次以上者。频繁染发，染发剂的有毒物质蓄积在体内，容易引起头昏、头痛、恶心、出虚汗、神经衰弱、全身无力等症状，甚至诱发各种疾病。

（2）免疫力低下者。久病、大病初愈、身体虚弱、经常感冒生病、容易疲劳、睡眠不好等亚健康状态和免疫力差的人是染发危害的高危人群。

（3）染发过敏者。染发过敏是大家最常见的一种染发危害，可能会引起头皮红肿、溃烂、流脓水，满脸起包、长红疹子，眼睛刺痒等，严重者会导致死亡。

（4）生长发育期的青少年。染发剂的有毒物质，容易引起骨质疏松、股骨头坏死，影响青少年的骨骼生长，对视力、声带也有不同程度的危害。

仅仅是为了一时的美丽，就有可能付出如此沉重的代价，这种做法当然有点过头。时尚千变万化，你拼命去追赶也不一定能真正成为一位时尚的宠儿，反倒会损害到自己的身体。你不妨挖掘自身的潜质与特点，重新塑造自己的健康新形象，这比用染发来标榜自己的"个性"要好得多。最自然的东西才是最有魅力的，所以你若抛弃自己的本真，只为去追求片刻的绚烂，这才是真正的得不偿失。

如果在特殊情况下，染发成为必要，一定要在染发前做斑贴试验，呈阳性反应者禁用任何染发剂染发，洗头时水温不要过高，忌抓伤头皮。若染发只是为暂时需要，你可以选择一次性的彩喷染发，只要对准头发轻轻一按，你的头发便多彩起来。清洗时只要用普通的洗发程序，你的头发便又黑亮如初了。

运动篇
YUNDONG PIAN

运动后立刻喝水

　　刚跑完步，口干舌燥，习惯性地拿起一瓶水咕嘟咕嘟地喝下去，你是不是觉得这样很解渴，喝完也舒服多了，但需知这种做法是错误的。

　　水分对人体的重要性是毋庸置疑的，因为人体体重的近 2/3 是水，况且水分是体内进行化学反应所必需的媒介，也是人体在运动或受热时维持体温所不可或缺的元素。运动时体内的水代谢要远远高于不运动时，一般人一天大约出 0.5 升汗，但是跑步一小时的出汗量就是此量的 2～3倍，踢一场 90 分钟的足球时的出汗量可能是这个量的 4～10 倍。运动前没有合理地喝水，运动中又不注意喝水，就会造成脱水，脱水的程度也会随着运动时间的延长而加重。对于一个体重 50 千克的人来说，脱水0.5 千克会出现口渴；脱水 1 千克会严重口渴、不舒服、压抑和没有食欲；脱水 7.5 千克时就可能出现生命危险。看来我们的确不能小视失水对人体的危害。

　　但是，你知道该如何正确地喝水吗？别以为瞎灌一气就可以，运动

中喝水可有讲究了。喝水最好选择白开水或矿泉水，补水虽然要视不同的运动强度而定，但都要小口慢喝，水温不能过低。水喝多少也要注意，对健身时间不超过 1 小时、运动强度不大的健身者来说，出汗量不会很大，只要在运动前后各喝 1 ~ 2 杯水即可。对健身时间在 1 小时以上，以减肥为主要目的健身者来说，运动前应喝 1 杯水、运动中应每隔 20 ~ 30 分钟喝 1 杯水，运动后应喝 1 ~ 2 杯水，每杯水 300 ~ 400 毫升，水中应加少许盐，以口感有淡淡的咸味为宜。这样做的目的是尽量保持身体内环境的稳定，使运动带来的脂肪燃烧作用能够充分发挥。

锻炼中人体水分蒸发较多，饮水对健身者来说尤为重要。如果到室外健身，最好自己带些温的白开水。一般来说，锻炼前 40 分钟到 1 小时是补充水分的最佳时间，这时可以适量喝一些白开水或运动型饮料，不要喝太多。但锻炼前不要喝含糖分太多的饮料，否则会增加呼吸道的压力。运动时要不断地少量喝水，不要等到口渴了再去喝水，更不要运动后立即喝水，这时补充身体水分的最佳饮料是白开水。锻炼后喝水也要适量，不要因为出了太多的汗或口渴而狂饮，因为狂饮对胃有很大的刺激，而且当饮水超过 1000 毫升时，就会通过身体调节机制，造成水利尿，反而造成水分的流失。

剧烈运动后如果因渴一次性喝水过多，会使血液中盐的含量降低，天热汗多，盐分更易丧失，降低细胞渗透压，导致钠代谢的平衡失调，发生肌肉抽筋等现象。由于剧烈运动时胃肠血液少、功能差，对水的吸收能力弱，过多的水分渗入到细胞和细胞间质中。脑组织是被固定在坚硬的颅骨内，脑细胞肿胀会引起脑压升高，使人出现头疼、呕吐、嗜睡、视觉模糊、心律缓慢等"水中毒"症状。一次性喝水过多，胃肠会有不舒适的胀满感，若躺下休息更会因挤压膈肌影响心肺活动。所以剧烈活动后口渴不可喝水太多，应采用"多次少饮"的方法喝水。

最后再要提醒：口渴并不是身体需要补充水分的良好指标。所以在运动时应谨记，要尽量补充水分，尤其在炎热的天气下，运动前适当喝水是有益的。

晨练越早越好

一日之中，早晨阳气始生，日中而盛，日暮而收，夜半而藏。一方面清晨人少、车少、空气污染少，确实是锻炼身体的好时光。另一方面，早晨是阳气生发的大好时机，所以比较适宜于户外吐纳、活动肢体，不失为一种事半功倍的养生之道。起早锻炼本是为了增强体质，但不是越早越好，有人天不亮就起床锻炼，一年四季如此，不利健康，尤其是冬季晨练，如果不考虑气象和环境因素，反而对健康有害。

在寒冷的冬季，很多人都选择晨练来增强免疫力。然而晨练是有讲究的，尤其是冬日晨练，在过早、雾天、空腹等情况下锻炼，事倍功半，收效甚微不说，还可能有损身体健康。

所以冬季晨练要格外注意几点：

首先要避开雾霾。锻炼贵在坚持，但也要懂得变通。冬季的早晨最容易出现烟雾，对人体健康的危害很大。雾滴在飘移的过程中，不断与污染物相碰并吸附它们。随着活动量的增加，呼吸势必加深加大，自然就更多地吸入了烟雾中的有害物质，容易诱发或加重气管炎、咽喉炎等诸多病症。

其次要多亲近阳光。冬季日出之前，天气比较寒冷，此时外出锻炼，易受风邪侵害，引发关节疼痛、胃痛等病症。还容易对血管和神经造成刺激，使交感神经兴奋、血管收缩，从而增加血液流动的阻力，使血压升高。

再有，睡了一个晚上后，身体水分减少，血液黏稠度增加，这些都是诱发心脑血管意外的危险因素。有锻炼习惯者最好把时间调整到一天之中温度较高的时候。植物的叶绿素只有在阳光的参与下才能进行光合作用，如果晨练在日出之前，阳光还没照射到叶片上，一夜没有进行光合作用的绿色植物附近，非但没有新鲜的氧气，相反倒积存了大量的二氧化碳，这显然不利于人体的健康呼吸。所以冬季晨练最好与晒太阳结合起来，待太阳升起后觉着有明显暖意时，再外出晨练。

那么，什么时候是适宜的锻炼时间？下午 4 ~ 5 时左右最佳，其次为晚饭后 2 ~ 3 小时。因为此时人体的适应能力和全身协调能力均较强，尤其是心率、血压都较稳定，最适宜进行体育锻炼。从外界环境讲，此时植物进行了一天的光合作用，氧气含量比较充足，气温也比较适中，利于锻炼。上班族如不能在下午锻炼，可在晚上 9 ~ 10 点锻炼。此时锻炼，可使大脑彻底放松，缓解精神紧张。晚间锻炼还可消耗多摄入的热量，减少脂肪的储存。

不要起床太早，起床后也不要出去太快，因为人体在凌晨四五点钟时是基础代谢最低水平时期，此时锻炼身体不仅难以调动机体的积极因素，还易诱发疾病。也不要起床后出去得太快，因为人体经过一夜睡眠休息后，由于呼吸、排尿和皮肤的蒸发，使体内的水分丢失得太多（晨起的体重明显低于睡觉前），致使血容量不足，血液黏稠度增高。

正确的做法是：醒来应在床上稍加闭目养神后再起床，漱口后饮温开水 500 ~ 1000 毫升，补充身体丢失的水分，改变机体经一夜睡眠带来的许多不利因素。因此时人体的肠胃正处于空虚状态，饮用的水可以很快被吸收并渗透至细胞组织，使机体补充了充分的水分，血液循环恢复正常，微循环畅通，促进肝肾功能代谢，清洁体内垃圾，提高机体的抗病能力，从而大大降低了心脑血管疾病的发病率。

因此，奉劝那些太早起来锻炼的人，不要在日出前外出锻炼，因为此时空气不清洁。同时，尽量避免晨起空腹锻炼，应补充水或吃点东西再去锻炼。

运动后冲个冷水澡

有多少人还会喜欢在夏天冲个温水澡呢？天气闷热加之人体温度过高，洗温水澡会不会导致中暑呢？于是，夏天在操场上运动过后，带着淋漓的汗水，喘着粗气，快速赶到淋浴室里，冲个舒服的冷水澡，成了你一直以来的习惯。你认为这不但可以让自己的身体迅速降温，还能起到消除疲劳的作用。

为了图一时之快，运动后从头到脚冲个冷水澡，当时感觉很畅快，可事后很可能会感到浑身乏力，有的甚至会出现头痛。这是因为身体在大量出汗的时候，毛细血管是处于扩张状态的，如果冲冷水澡，血管急剧收缩，体内热量受外界因素影响，一时散发不出来，而且颅内的动脉血管很丰富，对外界刺激是很敏感的，在高温季节，运动后头部特别容易出汗，这时如果用冷水冲洗头部，有可能引起颅内血管功能异常，造成头晕、头痛、眼前发黑，甚至可能出现呕吐现象，严重的话，还可能会引起颅内出血。可见靠冲冷水澡的方式迅速降温危险性大，是不可取的，尤其是平时没有洗冷水澡习惯的人，身体突然遇冷后经常会引发种种不适，建议大家切莫图一时爽快，留下疾病隐患。

浑身汗水淋漓之时，如果马上用凉水冲澡，很容易把身体搞坏。因为，当人体运动之后，身体内的各器官都处于兴奋状态，毛细血管处于扩张状态，血管急剧收缩，使体内热量散发不出来。如果运动完后马上进行冷水冲浴，势必会引起局部的血液循环加快，从而对人体的心脏造

成侵害。运动完后人体体温正值升高之时，此时心脏的供血量远大于平时，而突如其来的冷水则很快就会减缓血液在身体内的流动速度，从而造成血液循环不畅，手足麻木，甚至出现肌肉痉挛、头晕摔倒的不良后果。

所以当你满身大汗，气喘吁吁之时，最好不要去冲澡，先找个地方休息一下，先让自己的身体恢复到正常的状态以后，再用毛巾蘸点温水在周身先擦一遍。等你身上的汗水蒸发完全，你也不再气喘吁吁以后，再洗个温水澡才比较好。这是因为人在出汗时，特别是你在参加运动量大的活动以后，你的身体的新陈代谢会非常旺盛。为了保持温度恒定，皮肤表面就要不断扩大，同时排出的汗量也比平时多了，这样才能散发体内多余的热量，以维持人体正常的温度。

专家建议，对于绝大多数平时没有洗冷水浴习惯的人来说，夏天在运动后，还是用洗热水澡的方式来降温比较好。热水洗澡可以将身上的汗液冲洗得比较彻底，使毛囊保持清洁，还可使皮肤透气，加快皮肤和肌肉血管的血液循环，使毛细血管扩张，有利于机体排热，促进新陈代谢，使皮肤各部分获得营养，并加快代谢产物的清除。

除此之外，澡当然要洗，冷水澡也未尝不可，只是你得注意一下洗的时机。只要记住一点：在身体处于兴奋状态时，是不可以洗冷水澡的。运动完后，不妨先让自己轻松一下。打开 CD 机，放几首你喜欢的音乐，让自己的身心在美妙的音乐中放松下来。然后再去考虑洗澡的问题，也只有这样才能让冷水澡对你的危害减到最低，相信你一定知道该怎么去做了。

运动就该喝运动型饮料

随着世界性的环境质素的下降和人群生活学习压力的增加，使得处于亚健康状态的人群日渐增多，而同时随着生活水平的不断提高，人们也越来越注重个人健康问题。随着青少年健康意识的增强，茶饮料、果汁饮料和功能饮料开始受人们的青睐。

运动饮料作为一种新型的功能饮品，不同于白水和一些普通的含糖饮料。它可以及时补充水分，维持体液正常平衡；迅速补充能量，维持血糖的稳定；及时补充无机盐，维持电解质和酸碱平衡，改善和提高代谢调节能力，改善体温调节和心血管机能。

优质的运动饮料应具有以下四方面特点：

（1）一定的糖含量。人体运动所需的能量主要来源于糖。由于运动使肌糖原大量消耗，而肌肉又加大对血糖的摄取，结果导致血糖下降，若不能及时补充，肌肉会因此而乏力。另一方面，大脑90%以上的供能来自葡萄糖，血糖的下降将会使大脑对运动的调节能力减弱，并产生疲劳感。因此运动饮料必须含有一定量的糖才能达到补充能量的作用。

（2）适量的电解质。运动时出汗过多会导致钾、钠、钙、镁、氯等电解质大量丢失，导致体力极大下降，引起身体乏力、情绪低落、代谢紊乱等现象，这将大大抵消参与健身运动的好处。而饮料中的钠、钾不仅可补充汗液中丢失的钠、钾，还有助于水在血管中的停留，使身体得到更充足的水分。如果饮料中的电解质量太少，则起不到补充的效果，若太高，则会增加饮料的渗透压，引起胃肠不适，且使饮料中的水分不能尽快被身体吸收。

（3）低渗透压。人体血液的渗透压范围为 280～320 毫渗当量/升，相当于 0.9% 氯化钠或 5% 的葡萄糖。要使饮料中的水及其他营养成分尽快通过胃，并充分被吸收，饮料的渗透压一定要比血浆渗透压低，即低渗饮料，而饮料中所含糖和电解质的种类和量是饮料渗透压的直接决定者。

（4）无碳酸气、无咖啡因、无酒精。碳酸气会引起胃部胀气和不适，且对咽喉有刺激；而咖啡因有利尿作用，会加重脱水。另外，咖啡因和酒精还对中枢神经有刺激作用，不利于运动后的恢复。

饮用运动饮料时，应遵循少量多次的原则，以免体内离子浓度波动幅度过大。应选择饮用口感好、凉的运动饮料，饮料口感越好喝得越多，凉的液体在胃里的停留时间短，可以避免运动中的胃部不适。

科学的做法是运动前、中、后都应注意及时补水。运动前 2 小时补 200～400 毫升；运动前即刻补 100～150 毫升；运动中每 15～20 分钟补 100～200 毫升；运动后按运动中体重的丢失量补水，体重每下降 1 千克补水 1000 毫升。另外，美国学者指出大多运动饮料中都含有酸性物质，长期饮用会侵蚀牙釉质，使牙齿变薄、变黄。因此建议，运动饮料应该尽量少喝，喝完后要用清水漱口。

因此，普通人如果每天的运动时间不超过 1 小时，就没有必要喝这种饮料。从不良反应角度来说，不适宜人群盲目喝运动饮料，其中的各种电解质会加重血液、血管、肾脏的负担，引起心脏负荷加重、血压升高，造成血管硬化、中风等，肾脏功能不好者应禁用。

运动饮料是根据运动时生理消耗的特点而配制的，普通人如果每天的运动时间不超过 1 小时，也没有大量流汗的情况，就没有必要喝这种饮料。因为这类饮料中含有钾、钠、钙、镁等电解质，如果人体没有损失过多的电解质，饮用运动饮料就会摄入过多的电解质，需要由水分将它们排出体内。对于一个肾脏机能正常的人来说，这不是问题；但当肾脏功能异常时，就会加大肾脏的负担，容易造成钠等成分的滞留，引起水肿。

跑前热身不重要

青少年进行跑步锻炼，对心血管功能、呼吸功能的发育有很大的帮助，并且，长期坚持长跑，可以培养耐力和毅力。除患有心脑血管疾病的孩子以及轻度活动就有胸闷、头痛、头晕等不适症状的孩子不太适宜长跑外，任何孩子都应该抓住这个锻炼身体的好机会。长跑是对身体非常有益的体育项目，但是如果不掌握一些技巧，可能会让身体处于极其疲惫的状态。

体育锻炼前进行充分的准备活动对于体育锻炼者来说是非常重要的，有些体育活动爱好者就是由于不重视锻炼前的准备活动而导致各种运动操作，不仅影响锻炼效果，还影响锻炼兴趣，对体育活动产生畏惧感。因此，每个体育活动爱好者在每次锻炼前都必须做好充分的准备活动。

准备活动的重要作用：

（1）提高肌肉温度，预防运动操作。体育锻炼前进行一定强度的准备活动，可使肌肉内的代谢过程加强，肌肉温度增高。肌肉温度的增高，一方面可使肌肉的黏滞性下降，提高肌肉的收缩和舒张速度，增强肌力；另一方面还可以增加肌肉、韧带的弹性和伸展性，减少由于肌肉剧烈收缩造成的运动操作。

（2）提高内脏器官的机能水平。内脏器官的机能特点之一为生理惰性较大，即当活动开始，肌肉发挥最大功能水平时，内脏器官并不能立即进入"最佳"活动状态。在正式开始体育锻炼前进行适当的准备活

动，可以在一定程度上预先动员内脏器官的机能，使内脏器官的活动一开始就达到较高水平。另外，进行适当的准备活动还可以减轻开始运动时由于内脏器官的不适应所造成的不舒服感。

（3）调节心理状态。体育锻炼不仅是身体活动，而且也是心理活动，现在越来越多的研究认为心理活动在体育锻炼中起着非常重要的作用。体育锻炼前的准备活动可以起到这种心理调节作用，接通各运动中枢间的神经联系，使大脑皮层处在最佳的兴奋状态投身于体育锻炼之中。

剧烈运动需要肌肉快速而准确地收缩和放松。心脏为适应肌肉的需要而紧张地工作，心跳次数高达 160～190 次/分，有时在 200 次/分以上，每分钟输出的血量比平常要增高 5～6 倍。为了满足肌糖元的氧化需要，呼吸加快、加深，肺通气量增加到 70～120 升，肌肉和内脏器官这一系列变化，需要有一个过程，这就是为什么要做活动的原因。剧烈活动前，人体相对地处在安静状态，通过一些缓慢而有节奏的徒手练习以及专门性练习，可使中枢神经系统逐渐兴奋起来，让运动员身体各器官系统做好参加运动的必要准备。

田径运动很容易造成肌肉、关节和韧带损伤，尤其下肢受伤的机会更多。长跑前，应先做 5～10 分钟的热身运动，如走路及伸展操等，这样可以使体温上升，心跳适当加速，这样长跑开始后，可以避免韧带、肌肉的拉伤和身体的不适应感。特别是冬季长跑，由于气温较低，体表的血管遇冷收缩，血液流动缓慢，韧带的弹性和关节的灵活性较差，更应做好充分的准备活动，准备活动越充分越不容易受伤。准备活动可在慢跑的基础上对肩关节、肘关节、背腰肌肉、腿膝踝关节等部位进行活动，强化肌肉韧带的力量，提高机体的灵敏性和协调性。

有些人不习惯做热身运动，而跑步前应做一下脚部的热身和缓和运动。由于跑步对膝关节压力较大，因此要加强膝关节的热身。

跑步后立即休息

俗话说"身体是革命的本钱",时下青少年健身成为一个热门话题,早晨的时候学校为孩子们安排了晨跑,课间要做课间操,还配有必不可少的体育课。由此可见,跑步是青少年一门必不可少的运动项目,因此如何正确指导青少年跑步,让孩子在学习之余有一个好的身体,也就成为了一个备受家长关注的话题。

人在长跑后,身体内部会发生一系列的变化,如代谢旺盛、心跳加快、肺呼吸加快等。无论如何加强呼吸,都难以满足身体对氧的需要,肌肉往往也处于缺氧状态下,内脏器官也需要在跑步停止后一段时间才能调整到正常状态。此外,长跑后骤然停止腿部肌肉活动,大量的血液就会积聚在下肢舒张的血管里,导致回流心脏的血液量也相应减少,心脏搏出的血液量也相应减少,还会因头部血液突然减少而暂时性失去知觉,即运动性晕厥。

在从事上百千米长跑时,主要需要克服的困难之一是运动中的疲劳以及运动后的疲劳恢复。短时剧烈运动产生的疲劳感主要发生在肌肉。上百千米长跑除肌肉外,还涉及人体各器官系统。进行长时间耐力运动时,肌肉中除 ATP(三磷酸腺苷)、CP(磷酸肌酸)减少外,肌糖原也消耗殆尽,需不断靠糖、脂肪、蛋白质的代谢来补充。此外,身体中诸多方面发生一系列改变,如血糖浓度明显下降,大脑中的抑制性物质如氨基丁酸含量增加,体内的水分以及钠、钾等无机盐减少等。因此,长时间耐力运动中产生的疲劳,包括中枢和外周两部分,称为全身性疲劳或整体疲劳。此时,机体的神经和激素调控失衡,细胞和组织的功能会变弱,对糖原和氧的缺乏特别敏感。

剧烈运动时血液多集中在肢体肌肉中。由于肢体肌肉强力地收缩，会使大量的静脉血迅速回流到心脏，心脏再把有营养的动脉血压送到全身，血液循环极快。如果剧烈运动刚一结束就停下来休息，肢体中大量的静脉血就会瘀积于静脉中，心脏就会缺血，大脑也就会因供血不足缺氧而出现头晕、恶心、呕吐、休克等症状。所以剧烈运动，如长跑之后逐渐改为慢跑，再走一走，做几下深呼吸，这样肌肉就会轻快地消除疲劳。所以，长跑后不能马上坐下休息，而应该适当做一些整理活动，以加速氧的补充，满足身体各个器官对氧的需要。

在运动时，补充能量应使用容易氧化、分解的糖类。运动时蛋白质代谢加强，应注意在运动后及时补充蛋白质，以防止发生运动性贫血。进行上百千米长跑还需特别注意补充盐和钙，这样可使体内的氢离子浓度和渗透压恢复正常，缓解肌肉疲劳。补充水分也是重要的，但不可过多，以免减弱消化功能和食欲。饮食要以容易消化的（主要是糖类）食物为主，同时还要吃些维生素制剂和碱性食品。必要时加些能刺激胃口的调料或辅助消化的药物。

整理活动没必要

无论是舞蹈、体操还是打球，课程一结束，你都习惯性跑回教室，抓紧时间开始学习。你甚至没有意识到体育锻炼后，要做一定的放松整理。整理活动的目的是使肌体由紧张状态逐渐过渡到相对静止的状态，它的意义不亚于准备活动，并非可有可无。

因为剧烈运动时，心脏处于高效率工作状态，突然停止运动后，心脏在短时间内仍然继续按照剧烈运动的需要将大量的血液输送到上下肢肌肉里。此时由于运动突停，下肢肌肉不再收缩和产生"唧筒"作用，致使心脏的回流血量减少，大脑不但得不到充足的血液补充，而且在重力的作用下，原有的大脑血液还会急剧流向心脏，造成大脑暂时贫血，于是就会出现眼前发黑、头晕、恶心、呕吐甚至昏倒的现象，我们称之为"重力性休克"。因此剧烈运动后，不要立即停止下来，而应当继续慢跑一段距离，然后做一些深呼吸或简单的体操。

整理活动可以使紧张的肌肉得到放松。在运动中，肌肉毛细血管大量开放，肌肉高度紧张。如果激烈运动后立即静止不动，肌肉内淤积的血液就不能及时流回心脏，肌肉僵硬，疲劳不易消除。相反，运动后做一些整理活动，使运动慢慢缓和下来，或通过按摩挤压肌肉和穴位，就可以使肌肉得到充分的放松和休息。

整理活动可以促使机体迅速偿还"氧债"。运动时需要大量的氧气供代谢使用，机体在代谢过程中会产生大量废气（如二氧化碳）随呼吸排出体外。由于运动剧烈，机体往往一时供应不上氧气，这就使机体欠下"氧债"，体内二氧化碳也因不能及时排出体外而堆积。如果在剧烈运动结束后做一些整理活动，使呼吸保持一定强度，就可以及时吸入氧气，呼出二氧化碳，保持机体酸碱平衡，迅速消除疲劳。

整理活动可以促进血液循环，使躯体和内脏比较一致地恢复到安静状态。运动后立即停止肌肉活动，四肢就无法利用肌肉的收缩将血液送回心脏，而这时心脏仍跳动很快并继续将血液送回四肢，这种不平衡会造成这样的结果：一方面四肢特别是腿部淤血，另一方面脑部和其他脏器因回心血量减少而无法获得心脏送去的血液，这时轻者出现头晕、乏力，重者出现晕厥。因此，剧烈运动后，整理活动是保证躯体和内脏运动平衡的重要措施。

（1）运动后放松。

运动后可躺在海绵垫或藤垫上休息片刻，平躺时脚放置的位置应略高于头，或是与头的高度一样。切不可躺在有水汽的地上。休息片刻后可进行头手倒立或是靠墙手倒立，时间 3～10 秒，可进行几次，有利于下肢血液回流心脏。然后再抖动四肢，先抖动、拍打大腿或是上臂，后抖动小腿或前臂。

（2）运动后按摩。

运动后按摩是消除疲劳的重要手段。按摩的主要手法有抖动、点穴、揉捏、叩打、推摩等。首先是抖动四肢，主要是放松肘、膝关节以及四肢肌肉群；上肢常用点按穴位有偏历、曲池、手五里、臂月需等穴，可解除手臂、肘部的酸痛和肿痛，以及肩臂痛、颈项拘挛等运动后造成的各种不适症状。下肢常用点按穴位有承扶、委阳、承山、昆仑、足三里等穴，可解除腰骶臀股部疼痛、腿足挛痛、腰腿拘急疼痛、颈项强直、腰痛、膝胫酸痛等症状。揉捏叩打时，先推摩大肌肉，后推摩小肌肉，一侧推摩后，再推摩另一侧。如是相互间进行全身推摩，背部的俞穴多位于脊椎旁开 1.5 寸（1 寸 ≈0.03 米）处，推摩放松多以脊椎旁开 1.5 寸处和肩部的肩外俞、肩井、肩胛骨处的天宗为主，可解除背部疼痛、颈项强直。几种手法结合可起到良好的放松效果，且恢复快，对人体的五脏六腑也有保健作用。

身体素质差，不适合锻炼

每次妈妈让你早起锻炼的时候，你都会拿"我身体素质差""妈妈，我跑不动""我真的不行"，诸如此类的话当借口。青少年正处于生长发育阶段，有些孩子不注意饮食导致肥胖，人一胖也就懒得动了，久而久之，身体素质直线下滑。

体力活动不足，体育锻炼不够，这是学生身体素质全面下降的直接原因。参加体力活动少，自觉参加体育锻炼的意识差，怕苦、怕累、意志品质差，致使学生在体育课和课外活动中对参加力量、耐力等项目锻炼的积极性不高，致使学生力量和耐力下降表现得更明显。但不能因为身体素质差就不去锻炼，相反，通过一定的体育锻炼，更能有效改善青少年各方面的身体机能。

身体素质差，该如何锻炼？

力量、耐力、柔韧性缺一不可。衡量身体素质的指标由力量、耐力、柔韧性组成。想提高身体素质也应从这三方面着手。力量是指机体某部分肌肉的爆发力；柔韧性是指人体关节活动幅度的大小以及韧带、肌腱、肌肉的弹性和伸展能力；耐力是指人体长时间工作或运动时克服疲劳的能力。由于三者相互关联，任何一种机能下降都会影响到整体的身体素质，锻炼时要特别注意三者相结合，缺一不可。

进行这三种锻炼的总原则是：①因人而异。选择锻炼的内容、方法时，锻炼者应根据性别、年龄及身体状况等来确定。②持之以恒。人体组织器官是"用进废退"的。若长期不锻炼，器官机能会慢慢消退，体质也会衰弱。为了坚持锻炼，最好在每天的作息表中，固定锻炼时间，形成习惯。③循序渐进。锻炼者不要急于求成，应合理地提高锻炼目标。

具体说来，力量锻炼可分为上肢锻炼和下肢锻炼。锻炼上肢力量可选择引体向上、俯卧撑等运动，也可借助哑铃、拉力器等器械；锻炼下肢可选择蹲起、跳台阶、快速跑等。本身力量较小的人应注意适当减少运动次数，如每次少做几个引体向上，跳台阶时少跳几阶等。

耐力锻炼可分为有氧耐力和无氧耐力。有氧耐力运动包括长跑、游泳、登山、健美操等；无氧耐力运动包括爆发运动，如短跑、跳高、跳远等。爆发力较差的人应注意缩短运动距离。以长跑为例，可以从每天500米开始，逐渐过渡到800米、1000米等。

柔韧性锻炼可使全身舒展，须持之以恒才能见效果。柔韧性较差的人应注意运动时减小动作幅度。最好的柔韧性锻炼是户外慢跑，它能使全身各器官舒展、心情舒畅，保持运动乐趣。

人的身体素质如何，与体育锻炼有密切关系。人的身体素质包括平衡能力、模仿能力、反应速度、协调性、灵敏性、柔韧性、节奏感、速度、力量、耐力等方面。身体素质的高低，是反映一个人体质强弱的标志之一。

对于患有慢性病的青少年，适当参加一些适合自己病情的体育锻炼，可以增加抗病能力。

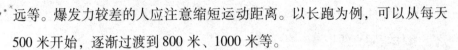

崴脚热敷好得快

崴脚，是人们在生活中经常遇到的事情，医学上称作"足踝扭伤"。这种外伤是外力使足踝部超过其最大活动范围，令关节周围的肌肉、韧带甚至关节囊被拉扯撕裂，出现疼痛、肿胀和跛行的一种损伤。由于正常踝关节内翻的角度比外翻的角度要大得多，所以崴脚的时候，一般都是脚向内扭翻，受伤的部位多在外踝部。不少人是先使劲揉搓疼痛的地方，接着用热水洗脚，活血消肿，最后强忍着疼痛走路、活动，为的是别"存住筋"。但实践证明，这样处置崴伤的脚是不妥当的。

因为局部的小血管破裂出血与渗出的组织液在一起会形成血肿，一般要经过24小时左右才能修复，停止出血和渗液。如果受伤后立即使劲揉搓，热敷洗烫，强迫活动，势必会在揉散一部分淤血的同时加速出血和渗液，甚至加重血管的破裂，以致形成更大的血肿，使受伤部位肿上加肿，痛上加痛。人们常说的"存住筋"，实际是损伤以后软组织发生粘连，影响了功能活动。这种情况一般出现在损伤的中后期。所以，受伤后几天内的活动受限，一般都是因为疼痛使活动受限，而不是粘连所致的"存住筋"。

那么，崴脚以后怎样处置才正确呢？

（1）分辨伤势轻重。轻度崴脚只是软组织的损伤，稍重的就可能是外踝或者第五跖骨基底骨折，再重的还可能是内、外踝的双踝骨折，甚至造成三踝骨折。轻的可以自己处置，重的就必须到医院请医生诊断和治疗。所以，分辨伤势的轻重非常重要。

一般来说，如果自己活动足踝时不是剧烈疼痛，还可以勉强持重站立，勉强走路，疼的地方不是在骨头上而是筋肉上的话，大多是扭伤，可以自己处置。如果自己活动足踝时有剧痛，不能持重站立和挪步，疼的地方在骨头上，或扭伤时感觉脚里面发出声音，伤后迅速出现肿胀，尤其是压痛点在外踝或外脚面中间高突的骨头上，那是伤重的表现，应马上到医院去诊治。

（2）正确使用热敷和冷敷。热敷和冷敷都是物理疗法，作用却截然不同。血得热而活，得寒则凝。所以，在破裂的血管仍然出血的时候要冷敷，以控制伤势发展。待出血停止以后方可热敷，以消散伤处周围的淤血。

细心的读者一定要问，怎么才能知道出血停止了没有呢？原则上是以伤后 24 小时为界限，还可以参考下面几点：①疼痛和肿胀趋于稳定，不再继续加重；②抬高和放低患脚时胀的感觉差别不大；③伤处皮肤的温度由略微高于正常部分，变成差不多，这些都可作为出血停止的依据。

（3）适当活动。在伤后肿胀和疼痛进行性发展的时候，不要支撑体重站立或走动，最好抬高患肢限制任何活动。待病情趋于稳定时，可抬

高患肢进行足踝部的主动活动，但是禁做可以引起剧痛方向的活动。等到肿胀和疼痛逐渐减轻时，再下地走动，时间宜先短一些，待适应以后慢慢增加。

（4）正确按揉。在出血停止前，以在血肿处做持续的按揉为宜，方法是用手掌大鱼际按在局部，压力以虽疼尚能忍受为宜。时间是持续按压 2~3 分钟再缓缓松开，稍停片刻再重复操作。每重复 5 次为一阶段，每天做 3~4 个阶段较合适。出血停止之后按揉法，用大鱼际或拇指指腹对局部施加一定压力并揉动，方向是以肿胀明显处为中心，离心性地向周围各个方向按揉，每次做 2~3 分钟，每天做 3~5 次。

另外，用药也要合理，这样才能保证好得快！

运动项目无所谓

每次体育课，你左顾右盼，有同学跑步你就跟着跑步，有人叫你打球你就跟着打球，你不知道自己该做什么，似乎做什么并不重要，重要的是去做。大家不是都说"体育锻炼有益身体健康吗"？于是你就不加选择地锻炼，你觉得运动项目并不重要。

俗话说："适合自己的，才是最好的。"其实运动项目对于青少年来说也很重要，比如你个子不高，只要找到适合自己的运动配合科学的饮食，会收到意想不到的效果。还有的同学性格内向，其实也可以通过适合的运动项目增进与同学的交流，对改善个人的性格也很有帮助。另外就是兴趣问题，如果一项运动你没有兴趣却硬要实行，想必这个过程会是十分痛苦的，不仅收效甚微，还会让抵触情绪伤害自己的身心健康。

羽毛球：锻炼身体协调性最好的运动方式，可使心跳强而有力，肺活量加大，耐久力提高，促进身高增长，加快头脑反应。

篮球：①增加肺活量。②增强肌肉。③锻炼身体的灵活性。④有助于身体长高。篮球运动是在团体间对抗和变化条件下进行的，对提高神经系统的灵活性、应变能力和大脑的分析综合能力都具有重要作用。从事篮球运动，有利于提高群体意识、团结合作意识、顽强拼搏的意志品质和良好的心理素质。

乒乓球：有助于培养青少年的协调性、灵敏性、反应能力，锻炼他们的平衡能力，提高他们的视力，对眼睛起到一定的保护作用。

看完了以上事例，你是否也觉得选择适合自己的运动项目很重要呢？

体育运动项目繁多，各有特色。那么青少年在体育健身锻炼时，如何选择适合的体育锻炼项目呢？

（1）青少年选择锻炼项目要因人、因地而宜。青少年进行运动应以全面发展身体素质为目的，进行多项性和交叉性的体育锻炼，以免引起身体各部发育的不匀称。

（2）根据青少年兴趣和爱好选择锻炼项目。

因为每个人所喜爱的体育锻炼项目是不同的，有些人对武术感兴趣，可多选择武术进行锻炼；有些人对健身跑感兴趣，可多选择不同方式的跑步练习；有些人喜爱体操，可多选择体操和健美操练习等。

（3）要根据青少年的身心特点选择体育项目。

青春发育初期，体育锻炼宜选择以灵敏性、协调性和柔韧性为主的活动项目。如原地跑、健美操、乒乓球、武术、跳绳、踢毽子、劈叉等练习。青春发育中期，体育锻炼宜选择以速度为主并兼顾青春初期的活动项目。如短距离快跑、变速跑、健身跑、爬楼梯、羽毛球等。青春发育后期，各器官发育日趋成熟并接近成年人，体育锻炼可选择增加速度耐力、一般耐力和力量性练习的项目。如中长跑、游泳、拔河、足球、排球、篮球、哑铃、杠铃、引体向上、篮球、俯卧撑、仰卧起坐等。

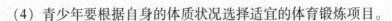

（4）青少年要根据自身的体质状况选择适宜的体育锻炼项目。

如生长发育正常，身体健康、体质状况良好、有一定锻炼基础的青少年，可以选择运动量较大的一些项目锻炼。如长跑、短跑、踢足球、打篮球等。如果体质较弱或健康状况有缺陷的人，则应循序渐进地进行医疗性质的体育活动，选择一些运动量较小的锻炼项目。如快步走、慢跑、太极拳、体操等，以达到增强体质和治疗某些慢性疾病的目的。

（5）根据青少年学习和生活状况选择适宜的锻炼项目。

青少年由于学习内容多，学业负担较重，经常处于坐位学习，脑力劳动较紧张，因此在学习一定时间后，应参加适宜的体育活动来进行积极性休息。如做课间广播操、眼保健操和积极参加下午的课外活动等，使原来兴奋的那些大脑细胞得到完全、充分的休息，有助于提高学习的效率和保持健康。

为了减重健康跑

节食减肥不科学，不当药物减肥伤身体，运动减肥最健康。在教室中久坐，导致脂肪累累，于是你选择健身跑帮助自己瘦身。

很多人一提起跑步，就认为必须大步流星，没跑上三五分钟就上气不接下气才算跑步。其实这种跑步的方式从跑步的质量上、数量上看，其健身效果是非常低的。怎样的"跑步"才能称为"健康跑"？这就是根据不同的体质、不同的人群、不同的时期，来用不同的方式、方法去跑。

（1）跑速要慢。我们都知道不同的跑速对心脑血管的刺激是不同的，慢速跑对心脏的刺激比较温和。一般来说，每一个人的基础脉搏数是不一样的，如有的中老年人的心律过缓，晨脉每分钟才50~60次，而有些中青年人的晨脉却达到每分钟70~80次。因此，根据自己的每分钟晨脉数×（1.4~1.8）所得到的每分钟脉搏次数来控制初期健康跑强度是比较适宜的。

（2）步幅要小。在跑步中步幅小的目的是主动降低肌肉在每跑一步中用力强度，目的是尽可能地延长跑步的时间。有许多人在跑中过多地脚腕儿用力，还没跑多远就出现局部疲劳，往往使人放弃跑步。步幅小但动作要均衡。

（3）跑程要长。跑程长最为重要的一点是，人体内可"主动地"将当前血液中的血糖全部消耗掉，同时还在消耗掉人体内蓄积的多余热量。这种"主动的"消耗是降低血脂、血糖，缓解血压的最好的方法。就减肥而言，更为关键的是其对健康的伤害几乎为"零"。

（4）因人而异是从事"健康跑"的重要原则。一般来说，每一个人的体质和情况各有不同，因此在跑步中一定要结合自身进行。

（5）从事健康跑更要注意的是营养。许多人认为跑步的运动量很大，一定要多补充营养才行。许多人大量的补充动物蛋白，其实这样的补养是不对的。慢跑中人体的消耗主要是血糖，对蛋白质的需求不大。因此，跑步后以补充碳水化合物食品为宜。

正如你想的，很多人都认为，健身跑是肥胖者减肥的一项理想运动项目，然而研究人员通过对某地区数千名从事减肥锻炼的肥胖者进行研究后发现，肥胖者不宜进行健身跑。由于肥胖者体重大，在跑步过程中，其支撑运动的器官，尤其是膝关节和踝关节承受了较大的地面支撑反作用力，这样，"超负荷作用"的结果，会使膝关节和踝关节受到各种伤害。

对于身体较胖的人来说，一下就跑较长的距离身体肯定受不了。所以，采取快走或跑一段走一段交替进行等方式较好。同时在走跑交替的过程中还要注意一些问题：

（1）要合理安排好健康跑的运动量，要使运动量适合自己的身体情况；增加量时一定要遵守循序渐进的原则。如果突然把量加得很大，就容易出现肌体疲劳、膝关节疼痛等现象。

（2）要注意跑时两脚的落地动作，要用脚掌着地。这样可以利用脚弓的弹力，来缓冲落地时产生的震动。

（3）要选择在平坦和松软的路上跑。在树林或公园里的绿道、键身步道上进行健康跑最为合适。如果是在柏油路上锻炼，最好穿带有海绵垫的胶鞋，这种鞋的缓冲较大，可以缓冲地面对下肢的冲击。

（4）跑前要做好准备活动，使身体各部位，尤其膝、踝关节得到较充分的活动。一定不要出门就跑，更不要开始就跑得比较快，这样容易使下肢关节和肌肉受伤。

（5）如果发现膝关节有些疼，应当马上减少跑量，尤其要减慢跑的速度，这样练几天后，疼感就会消失。如果几天后疼感反而加重，应当暂停健康跑，可以做些膝关节负担不大的练习，当膝关节疼感消失后再继续跑。

进行健康跑要量力而行。体质较差或以前缺乏锻炼的人可先走、跑并用，待逐渐适应后再全程慢跑。跑步的距离由近到远，速度由慢到快，以感觉全身舒畅为度。如遇风雪、大风天气或因其他原因不能外出锻炼时，可在室内进行原地跑锻炼。

▌▌▌生理期不能运动

月经来潮是女生特有的一种生理现象，这一时期的女生在身体和心理方面都往往会异于平常。女生在经期常会伴有下腹坠胀和腹痛，腰背酸沉，或有尿频，乳房及手足发胀，食欲不振，恶心呕吐，头痛，便秘或腹泻，以及轻度神经衰弱等综合症状，个别月经不调的女生甚至还会出现头痛、失眠、心悸、精神抑郁或易激动等症状，严重影响正常的学习和生活。那么，平常的体育运动是否适合于经期的女生呢？

经期腰酸背疼属于正常现象。对于身体健康，月经正常的女生来说，月经期参加健身锻炼是有益的。运动促使体内新陈代谢，改善盆腔血液循环，减轻盆腔充血，可以减轻腹部发胀下坠的不适感觉。此外，运动时腹肌、盆底肌的收缩与舒张交替进行，对子宫起到一定的按摩作用，促进经血的排出。月经期情绪往往容易激动、烦躁，适当参加体育活动，可以调节大脑皮质的兴奋和抑制过程，改善人的情绪。

虽然近代的医学研究和大量的实践证明，经期可以参加适当的体育活动，而且对经期的血液循环很有益处。但是，经期毕竟是女生的一个特殊时期，必须注意一些事项，以免影响女生的雌性激素水平及其月经周期，危害其身体健康。那么，女生在经期进行体育运动时，要注意哪些事项呢？一般来说，应注意以下四点：

（1）根据自己的身体情况，继续参加平时习惯的运动项目，只是运动量要减少些。慢跑、做操、打拳、打乒乓球、打羽毛球、打排球、投篮、散步等，都较适合，只是锻炼的时间可缩短些，速度可放慢些。如果平时参加活动剧烈的运动项目，这时可改参加较缓和的。

（2）避免参加剧烈的、震动大的运动，比如跳高、跳远、快速跑、踢足球；不能进行增加腹压的力量性练习，比如举重、练哑铃。否则，容易引起经期流血过多或子宫位置改变。

（3）经期不能参加游泳。因为子宫内膜正在出血，子宫口又处在微开状态，病菌容易侵入，会引起生殖器官发炎等病症。另外，在冷水的刺激下，子宫和盆腔的血管会收缩，可能引起经血过少，甚至闭经。

（4）一般不宜参加比赛。因为比赛时争夺激烈，运动强度大，精神

易过度紧张，神经系统往往不能适应，会引起内分泌失调，产生痛经、月经周期紊乱、经血过多过少等症状。

综上所述，生理期适量地运动对女孩子来说是很有必要的。参加一些体育锻炼，能使人情绪愉快，使大脑皮质的兴奋和抑制过程更为协调，有助于调节经期的情绪，减少烦躁和痛经带给身体的不良影响，而其关键则是要科学而适量地进行。

体育锻炼强度越高越好

青春期的青少年，对自己的身体十分重视，为了让自己的身体能适应越来越繁重的学习，以及将要面对的各种压力，拼命地用运动来增强自己的体质。在运动种类的选择上，专挑那些强度非常大，又有些难度的体育运动来锻炼自己，觉得这样才能让自己的身体变得更加强壮，更加适应繁重的学习。

医学专家指出，年龄过小就从事强度很大的运动，损害是肯定的。对青少年来说，他们正处于生长发育期，长时间的耐力运动，比如马拉松运动，对心肺功能要求比较高，加之跑步长度的负担，会使他们的心血管难以承受巨大的负荷。

一般来说，青少年心脏的发育较慢，跟不上身体机能生长的需要，过量运动会对心脏产生不良影响。专家还指出，在不同年龄阶段，运动发展是有规律的，如在10～13岁是速度发展的阶段，这个时期应该锻炼青少年的速度能力；而在14～15岁，青少年的性激素开始分泌，这一时期他们应主要进行力量练习；到了16～17岁，他们耐力的发展比较成熟，身体机能应开始适应耐力训练。所以说，我们不提倡早期就对少年儿童进行高强度的专项训练。

发育期的青少年们肌肉组织还很有限，过量的高强度的体育锻炼会伤害到他们的身体。例如：肌肉过度牵拉，就很容易造成肌肉组织损伤，或者造成肌肉组织中乳酸堆积，从而造成肌肉酸痛及各种韧带拉伤。如果不顾后果去操作一些负荷过重的体育器械，还很容易造成肌肉损伤和骨骼病变。由于你的肌纤维很娇嫩，一旦变形以后就很难再恢复原状，因此，当运动量过大时，很可能就会出现肌无力症。

青少年心脏的成熟发育在 18～20 岁，所以对于他们的耐力训练，应尽量在身体成熟后开始，在身体未完全发育成熟的阶段，应该注意全面锻炼身体素质。高强度的训练，轻则对身体产生负面影响，重则会造成机体衰竭。

锻炼时要遵守循序渐进的原则，运动量要适宜。锻炼前后要做好准备活动和整理活动，锻炼中不要过猛过大用力。如已发生酸痛，除适当调整运动量和休息外，还可采取下述方法，帮助尽快消除酸痛：用适量甘草根、蒲公英和藏红花等中草药，放入杯中，用开水浸泡约 20 分钟，然后倒掉药渣，只喝泡过的药水，这个药方可以缓解肌肉酸痛，并能起到强身健体的功效，这些中草药也都很好买，到药店里去就行了，很方便也很实用；把少量薄荷、雏菊、甘草、洋甘菊，放入小布袋里，用开水冲泡，然后用药布袋敷在酸痛处，稍加按摩，然后再用药水冲洗，这个办法可以驱散积聚在肌肉组织中的过多的乳酸，以使肌肉纤维恢复原状。

经常跑步者小腿会变粗

要苗条还要健康，所以很多女孩子喜欢跑步却不愿跑步，因为她们觉得常跑步小腿会变粗，不仅不利于减腿，反而让腿变得更难减！

提起跑步，很多人都认为它是无氧运动，其实不然。当跑步强度大、剧烈的时候就是无氧运动，比如100米、200米、400米等短跑。短跑者都是采取前脚掌着地，这样跑得更快，也需要强有力的小腿肌肉。因此，你会发现短跑运动员小腿都粗。当跑步强度低、时间长的时候就是有氧运动，比如马拉松等长跑，长跑运动员每天都跑十几千米，他们的腿只会更细更匀称，并没有变粗。

其实我们一般的慢跑是有氧运动，可以达到消耗热量、燃烧脂肪、锻炼心肺功能的效果。有人担心跑步多了小腿会变粗，这种担心产生的原因有：

（1）落地技术不好，产生错觉。

有的人用脚尖跑步，这样小腿就会疲劳，有紧绷感，感觉小腿在"长大"。其实这只是一种错觉。人的基础形态是天生的，腿形也是，不会因为几次跑步小腿就立竿见影地变粗。在有氧力量训练中，比如哑铃操、杠铃操，肌肉的膨胀率不会超过20%。

所以在日常跑步中，小腿即使变粗，也不会超过这个比率，而这个比率几乎是看不出的。

（2）跑步者认为跑步已经燃烧了脂肪，因此可以更多进食，从而长胖，小腿也因此变粗。这与跑步本身无关，什么样的运动才可以造成小腿变粗呢？力量训练可能会这样，负重的、提踵的运动可以让小腿长肌肉，比如男子健美。小腿上的肌肉是较难练粗的，所以日常锻炼一般不会造成小腿变粗。

如何消除这种担心和偏见呢？

避免小腿变粗的瘦身方法除了采取正确的跑步姿势外，还要采取强度低、有节奏、持续时间较长的有氧运动下的慢跑，它消耗的是体内的糖和脂肪。慢跑的时间至少需要30分钟，最多可进行1~2小时。但速度不能太快，要把心率控制在有氧运动的心率范围内，也不能太慢，否则起不到锻炼的作用。20分钟以上的慢速长跑不但能大量耗尽体内的糖原，而且要动用体内的脂肪。由于慢速长跑不剧烈，不会使机体过分缺氧，故有助于脂肪的消耗，从而达到减肥的目的。

在跑步的时候，用前脚掌先着地或整个脚同时着地的话，会对小腿前部的胫骨及膝关节造成损伤，并且会强烈刺激小腿肌肉，造成小腿变粗。如果跑步姿势是尽量用脚跟先着地，然后由脚跟滚动到脚掌，这样跑可以减少跑步对踝关节压力，避免受伤，同时脚落地时膝关节保持微曲，不要挺直，对膝关节有一个缓冲作用，能拉伸小腿，对小腿肌肉的刺激并不强烈，这种跑法就不会使小腿变粗。跑步时，我们需要运用全部腿肌才可把身体跃起。其中主要是前大腿肌肉出力，但却难免会用到小腿肌肉。为了避免出现"萝卜腿"，跑步完毕后，你可做些拉筋运动，来松弛紧绷的肌肉。

注意跑步时间和速度。一般的有氧练习的时间是 20~60 分钟，过度了会造成肌肉疲劳和关节磨损。速度上不能太快，把有氧运动的心率范围控制在：（220－年龄）×（60%~80%）以内。如一个 20 岁的人，他的有氧运动的心率范围就是 120~160 次/分。脂肪在无氧状态下会停止分解，在上述的心率范围之外，脂肪不会燃烧，运动效果不能保证。

即使采取了正确的跑步姿势，女孩子在慢跑初期仍会感觉小腿是在长粗，这是因为经常跑步后，小腿很疲劳，会有发僵、发硬和紧绷感，让女孩子产生小腿变粗的错觉。

所有运动都能减肥

说起运动减肥，尤其是要消除腰腹部的赘肉，人们首先想到的是做

仰卧起坐。虽然早晚坚持做仰卧起坐，但经过一段时间大部分人除了把脂肪下面的肌肉练结实了以外，不会发现腰围有明显的变化。由此可以看出，并非所有的运动都能减肥。

通常人们都认为运动可以减肥，但据专家统计：三类运动会让人越练越胖。

（1）大运动量的运动。运动量大时，心脏输出血量不能满足机体对氧的需要，使机体处于无氧代谢状态。无氧代谢运动不是动用脂肪作为主要能量释放，而主要靠分解人体内储存的糖元作为能量释放。因在缺氧环境中，脂肪不仅不能被利用，而且还会产生一些不完全氧化的酸性物质。短时间高强度的运动后，血糖水平会降低，引起饥饿感，这时人们会食欲大振，对减肥极为不利。

（2）短时间运动。大约运动1小时后，运动所需的能量才以脂肪供能为主，也就是说，在脂肪刚刚开始分解的时候，人们就停止了运动，其减肥效果自然不佳。

（3）快速爆发力运动。如进行快速爆发力锻炼，得到锻炼的主要是白肌纤维，白肌纤维横断面较粗，因此肌群容易发达粗壮。用此方法会越练越胖。

什么运动才有助于减肥呢？明白了上面的道理，我们就知道了什么是最有效的减肥运动——低强度、长时间的有氧代谢耐力项目，例如快速走、慢跑、游泳、登台阶、骑车、滑冰、跳绳、健美操等一切运动大肌肉，有重复性，可以持续20分钟以上，保持心律在一定水平的运动。这种运动就叫做有氧运动。

有氧运动的主要目的是：连续地让你的心跳加快，也就是提高你的心率，让你的心脏得到锻炼，这就是在美国把有氧运动也叫做心血管运动的原因。另外，有氧运动也是消耗能量和体内多余脂肪的重要手段之一。

有氧运动这个词是由美国运动生理学家 kenni thcooper 博士首先发明的。当你运动健身时，你会需要更多的氧气，你的肺部吸入更多的氧气，再由心脏、血管输送到身体的各部分，特别是正在运动中的肌肉中去。经常地进行有氧健身可以使你身体利用氧气的能力增强。身体健康状况越好，有氧运动的能力也就越高，你可以运动的时间也就更长，强度更大。换句话说，就是常进行有氧健身的人，心脏更健康，身心素质也更好。

有氧健身一周需要几次？

关于健身的频率，美国运动医学会推荐正常人应该每周健身 2～5 次，如果你以前没有健身习惯，就要从少量开始，每周两次，然后慢慢增加到 3 次、4 次。初学者常犯的错误是开始健身时由于热情高涨，想要尽快达到效果，就每天锻炼，每次锻炼的强度也很大，这样做往往会训练过度，短时间内就会出现疲劳、失眠、浑身过度酸痛等症状。于是就又会停止下来。其实我们应该认识到的是，健身是个长期的习惯，想有健美的体魄，一生都应该坚持健身。最佳体型和健康状况，得要几个月甚至几年的坚持才可以做到。循序渐进才是最佳方案。

有氧健身的理想减肥速度一星期 0.5 千克，这样减下来的体重不易反弹。所以塑形的时候切不可心急，需知这是持久的过程，坚持才能看到成绩。

运动流汗越多越好

大家都说流汗是一种好现象，流汗本身是一个排毒的过程，流汗越多毒素排出越多，很明显这是一个误区。

　　随着天气转热，稍一运动就容易出汗。主动出汗是人体主动运动所出的汗，是为了保持体内的温度、散发热量，所以有利于身心健康。但是，许多人不爱活动，生怕出汗，殊不知，过夏天，如果不让身体出汗，会影响健康。在皮肤上的小汗腺密密麻麻，肩负着机体散热的重任。当外界气温上升到30℃时，汗腺这一"天然空调器"开始启动，分泌汗液。由此可见，出汗事关体温的恒定和生命的安危。

　　研究表明，人体对热的耐受能力的强弱与体内细胞中热应激蛋白的多少有关。经常坚持运动的人，体内热应激蛋白合成显著增多，对热的耐受力增强，可抵挡高温热浪的侵袭。而享受空调的人，远离热环境，体内热应激蛋白合成减少，对高温的耐受力下降，一旦离开空调来到外界热浪滚滚的环境中，便难以适应。汗腺这一"空调装置"也会因长时间不用而启动不灵，汗出不来，热散发不出去，极易发生中暑。过夏天，如果不让皮肤出汗，体内代谢的废物只好从其他途径排出，比如经尿液，这势必增加肾脏的负担，如有肾病则更是雪上加霜。汗液中的乳酸与皮脂腺分泌的脂肪酸，是杀灭病菌的化学武器，如整日享受清凉，会因无汗液而使皮肤的酸性环境发生改变，皮肤的抵抗力降低，病菌滋生繁衍，严重者可引起毒血症或败血症。

　　但流汗太多，危害也不小。炎热的夏季，促使皮肤细胞的更替加快，腺体分泌旺盛，汗液大量分泌，使皮脂腺酸度减低，皮肤趋向碱性，使皮肤抗病能力下降，细菌易于侵入，汗液中含的盐分和废物对皮肤也有一定的危害。夏季汗液与皮脂的分泌增加，皮肤表面的代谢产物增多、过多的汗液又造成皮肤的酸度下降，抗病能力减弱，最易导致各种皮肤表面的感染，引起毛囊炎、疖肿等。加上气温过高、皮肤上可能出现痱子和夏季皮炎等。所以，在炎热的夏季，保护皮肤最重要的一点是保持皮肤的清洁，经常洗浴，避免过多的汗液和分泌物刺激皮肤。

　　值得注意的是，一般来说，运动强度越大，排汗量越多。大量的出汗会使体内的水分和盐分流失，导致人体处于失水状态，夏天由于运动出汗多，血液浓缩，宜及时补充水分。另外，还应合理调配膳食，平时常吃些新鲜蔬菜、瓜果，西瓜是消暑佳品，每天适量吃点西瓜大有裨益。

　　还有一点需要注意：及时清理掉汗液。有些青少年喜欢傍晚放学的时候和同学打打球，回到家吃饭、写作业，太晚了也许就直接跳过洗澡这一环节。殊不知汗液自体内排出了大量有害物质，附着在皮肤、毛发表面，具有腐蚀性，如果不注意及时清理，不仅会伤害皮肤，还会导致青少年脱发等情况。所以，运动出汗后，要待身体放松后及时清理掉汗液。

心理篇
-XINLI PIAN-

容不得别人比自己强

随着现代生活的日趋繁忙，心理问题成为当今时代较突出问题，心理问题越来越被多数人重视。如今，人们除了具备较高的文化素质外，还应具备一些心理方面的知识。出现心理问题后，如不及时解决，那会给我们的学习、生活带来很大危害。

有一位女孩小莉开始注重自己的容貌和体形，而且花了不少钱去购买一些时髦的服装和高档化妆品。她非常希望听到别人夸她漂亮。与她同宿舍的一位女孩长得很漂亮，为人也很好，性格开朗。当她们一起外出的时候，她总听到别人赞美她的那位同学，于是她心中非常妒忌，并且产生了一种相形见绌的心理，再也不愿和那位女同学在一起了。每次，当同学邀请她一起外出时，她总是找出各种理由搪塞，进而连班上集体活动也不参加了。

看了上面的例子，你是否也深有感触呢？面对比自己强的人，你有一种难言的自卑感，你觉得他一直在俯视你，你的呼吸都有点不畅了，这种感觉令你很痛苦。只有在远离了他们之后，见到比自己弱的人，你才能恢复正常的心态。于是，你很不喜欢跟那些比自己强的人打交道。

这就是我们常说的忌妒心理。忌妒心理是指自己以外的人获得了比自己更为优越的地位、荣誉，或是自己宝贵的物、钟情的人被别人掠取或将被掠取时而产生的情感。由于这种情感深藏于心中，经过内心的加热，发酵或膨胀，最后会以歪曲的形态爆发出来。忌妒是一种包含抱怨、憎恨成分的激烈情感，是一种想保住自己的优势地位而极力排斥、贬低别人的心理倾向。

忌妒心理危害很大，首先表现在影响个人的身心健康。因为忌妒是一种病态心理，有忌妒心理的人，心胸比较狭窄，不但容不得别人比自己强，而且在忌妒别人的时候，自己也痛苦不堪，往往滋生出嫉恨的无名火，表现出心情烦躁，神情沮丧。同时，他在良心上也或多或少地因自责而陷入苦闷之中不能自拔。巴尔扎克曾经说过："忌妒的人比任何不幸的人都痛苦，因为别人的幸福和自己的不幸，都将使他痛苦万分。"这种长期的精神折磨，必然影响身心健康。

试想，为什么面对比你弱的人就会感到很舒服呢？这种对强者的逃避并不能使你做到真正的心平气和，那些优秀者仍是你心中的一道高大的阴影，它压制了你的创造力和自信心。长此以往，你慢慢地会在身边发现比你优秀的人愈来愈多，当你再也找不到比自己弱的人时，你也就彻底迷失了自己。

所以，你要克服动辄与人比较的念头，注意学习他们的优点和长处，这样你才会以一个公平的态度对待自己。他人在你的眼中之所以有了强弱之分，全在于你那莫名的"自大"和"自卑"的交错转换。当你以平和的态度对待强者时，发现他们并没有鄙视你的意思，他们身上自然有着不少优点和长处，那你不妨大胆地执行"拿来主义"吧！

这一点我们应该向秦始皇学习。秦始皇是中国历史上第一位皇帝，

但他在世人眼里被视为中国历史上的大暴君。就是这么一个人，历史学家还是给了他很高的评价，称其为千古一帝，因为他创造了历史上很多个"第一"。秦王嬴政非常重视人才，有着"容才之量"的胸怀，他彻底贯彻韩非子法家的任人唯贤的治国方略，不拘一格地使用人才，诸多比他强的人，他没有把他们杀死或是关进监牢，而是收为己用。

林则徐说过："海纳百川，有容乃大。"这就是告诉我们要容人之长，但同时还要容人之短。所谓容人之短，并不是说要袒护、纵容别人的短处，而是说不要求全责备，要在维护原则的前提下对别人的短处有所容忍，因为越是在某些方面冒尖的人，其短处往往也越显眼。古人"以人小恶，忘人大美，此人主所以失天下之士也"，说的就是这个道理。

任何事都追求完美

追求完美指的是，任何事都苛求自己，希望自己什么都会，什么都精通，要求自己什么都好，容不得半点不好，把自己幻想成完美的化身，只要发现自己有一点不好，就责怪自己，拼命地想去改变。希望自己被所有人接受，希望所有的人都喜欢自己，只要别人有一点异样，就怀疑是自己的错。

西方心理学家指出，过度追求完美是一种病态心理，不利于身心健康。这个世界上，本来就没有完美的东西，如果一味地追求完美，最后得到的反而是不美。人的很多烦恼，正是因为过分追求完美而产生的。值得我们追求的东西很多，如果我们苛求自己或别人把每一件事都做得完美无缺，那么我们将会失去很多东西。其实，大对小错也是一种美，只不过是一种缺憾之美罢了。

英国首相丘吉尔说过："完美主义等于瘫痪——很精辟地阐明了完美主义者的害处。"

以前听人讲过这样一个故事：邻居家的孩子从小就喜欢钻牛角尖，做事一丝不苟，小心翼翼。时间一长就成了习惯，他要求每件事都做得尽善尽美，甚至写作业的时候，稍微有点不满意，就会把整篇作业擦掉重新写，跑步没有得第一就郁闷一整天，即便考试得 99 分也要大哭一场。

心理学上所指的完美主义者是那些把个人的标准定得过高，不切合实际，而且带有明显的强迫倾向，要求自己去完成不可能完成的那种理想的人。要知道这样的人时刻给自己很大的压力，每天都会生活得很累。须知这世界上没有完美的人，任何一个人都不例外，如果不及时矫正，轻者学习效率下降，重者可能还会发展为完美主义人格障碍以及忧郁症、焦虑症等多种心理疾病。所以千万不要追求完美，完美是毒，缺陷才是福！

完美主义者可以分为三种类型：

（1）自我型。这类人给自己设定远大目标，并努力达到。他们容易陷入自我批判，情绪沮丧。

（2）总以为别人对自己有更高期望，于是为之不断努力，压力挺大。

（3）把高标准拓展到其他人身上，要求他人也要十全十美。

追求完美，就难得有快乐，完美和快乐都想要，那么你注定是要一无所有。如果完美主义者学会制定现实的目标，将会受益很多。在此专家建议"完美主义者"不妨学会"偷懒"。譬如，一些完美主义者认为，如果他们表现不完美，就没有人疼爱。而事实上，真正的完美不可能实现，所以，他们永远也感受不到被爱。他们并不知道，爱不以成就为标准；学会接受自己和别人的缺点，不会导致平庸，而是通向美好生活的通途。

作为学生要摆正心态，不要追求尽善尽美，对自己的小小进步给予

鼓励是必要的，但不能过于着急或焦虑，适当给自己一些自由的空间。具有完美主义倾向的人，几乎全与童年的家庭教育有关，他们的父母为孩子树立的标准太高太完美，容易发现和批评他们不完美的地方，于是久而久之，这些孩子也就学会了总爱找自己的过错，认为自己不够完美。所以青少年要尽快从家庭教育的"包围"中跳出来，转变思想，培养正确的、良好的习惯。

其次是重新树立一个科学的评价自己的标准，改掉原来那种完美的、苛刻的、倾向于十全十美的标准，树立一种合理的、宽容的、注重自我肯定和鼓励的标准，学习多赞美自己，把过去成功的事例列在纸上，坦然愉悦地接受别人的赞扬并表示感谢。

人生是一个一次性完成的不可逆过程，不能经过试验而重来。回首往事，总也不可能完满。苏轼说："人有悲欢离合，月有阴晴圆缺，此事古难全。"方岳说："不如意事常八九，可与人言无二三。"不完满才是人生，这是一个平凡的真理。

■■■ 争取"人见人爱"

你喜欢被人呵护，被人宠爱的感觉，因此你想自私地拿走所有人的爱。同时你还怕失去所有的爱，无论是陌生的、熟悉的人给你的，你费尽心机地讨好每一个人，争取"人见人爱"，你以为这样才能让每个人都喜欢你、尊重你。你无法忍受他人对你的不喜欢，即使只有一个人说你不好，或对你尖酸刻薄，表现出冷漠的态度，你也会痛苦得坐立不安，甚至夜不能寐。

殊不知，收获与付出息息相关，你得到的爱是和付出的爱成正比的，如果平时你是一个不关爱别人的孩子，那谁又会来关爱你呢？

　　一个人绝不可能受到所有人的喜欢，而你却刻意地去做一件费力不讨好的事情。每个人都有着相对独立的思想和价值观，你争取"人见人爱"，无异于试图把所有人的认识统一起来，这是不可能的。其实，你的内心也不可能完全赞同某一个人的观点，你为了博得他人的"喜欢"，就不得不隐藏自己的真实观点，这时，你在别人的眼中也变成了一个"虚伪"的人，就会有更多的人对你产生反感。如此恶性循环，就会使你在"如履薄冰"中度过一生。

　　要想得到爱，就必须先付出爱。我们常说：种瓜得瓜，种豆得豆。佛家也常说：种什么因得什么果。反映到爱之上就是：如果你要得到爱，那么你就必须首先付出爱。对于爱来说，你付出得越多，当然你所得到的也就越多。比如，你在日常生活中给他人一个灿烂的微笑，那么他人也会回报你一张灿烂的笑脸。这个微笑无论是对于认识的人还是不认识的人，都有同样的效果。同样，你以礼貌的话语问候师长、同学、朋友，师长、同学、朋友也会以相应的方式回报与你。我们可以这样说，任何用以展现你关爱的形式，只要你付出，最后都会以不同的关爱方式回到你身上。有些朋友可能会说：并不是每个人都会以这样的方式来回应。的确，龙生九子，九子不同。也许不是每个人，但大多数人都会这样来回应的。爱就像个弹力球，只要你抛掷出去，不论迟早它总会反弹到你手上，而且回来的数量总会比你抛掷出去的要多。

　　带着微笑不会比皱着眉头困难，舒展神色不会比拉长颜面用更多的力；说一些友善和鼓励的话语，也不会比批评一顿劳神费心。友爱地对待他人，其实比敌视、怀疑、怨恨来得更容易。问题是，我们很多人都不愿意去充当那个首先付出的人。

　　人生存在的价值并不取决于究竟有多少人喜欢你，与其争取每个人都喜欢你，还不如争取几个志同道合的人理解你。这样才能为你的学习

和事业提供真正的动力。你那"争取'人见人爱'"的做法，只能给你换来莫名其妙的苦恼。你当然不想做这样的人，那就尽快认识到"争取'人见人爱'"的危害。从完善自身入手，你要证明的是你的价值，而非别人空洞的"喜欢"。你要懂得，只有在事业上真正有所建树的人，才能赢得他人倾心的尊重。证明自己的价值比争取"人见人爱"重要得多。

生活中还有很多事，远比"人见人爱"重要得多。与其费尽心机讨他人欢心，不如拿这些时间来做些更有意义的事。真正的爱是无所求的，那时的"人见人爱"才是人心中最伟大的乐章。

善意的批评可以不讲方式

善意的批评可以不讲方式吗？你喜欢坦率地批评别人的过失，并认为自己是个"讲理、高尚"的人。"真低级，这种错误也会犯。""同样的问题你都错了多少次了，还是记不住，不会举一反三吗？""难怪你考不好啊，整天玩游戏。"……在你的批评之下，你的朋友一个个离你而去了，你很不理解："他们怎么如此敏感？我们只有在互相批评中才能知道自己的缺点，才能更好地进步嘛。"

人无完人，自己都会犯错，何况别人呢！可是我们应该怎样对待他人的错误呢？采取怎样的方法才能起到最好的教育效果呢？

批评只有在别人接受的情况下才会有效。既然你的朋友一个个离你而去，那就说明你的认识和方法不当。如果你一股脑地用负面言辞去批评朋友，朋友可能没有听完，就已被你那扎耳的语言给惹火了。谁都有犯错的时候，批评别人，是表达自己的一种看法，一定要讲究技巧。否则，便会让人感到你在贬抑、嘲弄、揶揄他。你本来想帮助朋友共同进步，结果却伤害了朋友们的自尊，使他们对你产生了怨恨心理，宁可与你分道扬镳，也不愿与你"互相批评，共同进步"，这绝不是因为他们太敏感，而是你的批评方式不正确。

批评别人只有讲究方法才能更好地进步。我们可以低声指出他人的错误。"低而有力"的声音，更容易让他人接受，并注意倾听。这种低声的"冷处理"，往往比大声斥责的效果要好。也可以尝试暗示。对于他人的错误，不直接批评，而是采取比较婉转的方式告诉对方，可以更好地保护他人的自尊心，为你在对方心目中树立一个良好的形象。对于一些时常犯错误的人来说，也不应该过多指责，而应该积极引导，让其换种思维考虑问题。

批评别人的基本原则是要求别人改变错误行为，而不是人身攻击。你要注意自己的措辞，委婉地把批评的话说出来，否则尽管你主观上并没有想攻击对方，可言辞的不慎也会造成朋友间的分崩离析。这样不但不能更好地进步，还会使得问题更加恶化。对于朋友身上早期的错误，最好不要太多地纠缠，因为对方会慢慢意识到的。你如果是"哪壶不开提哪壶"，朋友会有一种被揪住小辫子的感觉。当你用委婉的言词表达出对朋友错误行为的看法时，他会感激你的。这样便达到了共同进步的目的。

很多时候我们对人对事主观倾向都比较严重，往往欠考虑地作出许多伤害他人，也不利于自己的事。这个时候我们就应该学会换位思考，把自己放在他人的位置上，看看自己是否也能接受别人"不讲方式的善意批评"。同时，因为青少年的自我意识和自尊心比较强，往往对于他人直截了当的批评很难接受，他们觉得自尊心上接受不了，这就要求我们采取一种友善、和蔼的方式去善意地给予他人批评。

面对众人脑中"一片空白"

每当处于众目睽睽之下时，便会感到紧张、害羞，继而惊慌不安。在课堂上，回答老师的问题时你说话总是结结巴巴；演讲比赛中，一看到台下那么多人，你紧张得一句话都说不出来；你甚至不敢当着同学的面读书……你非常希望此时的神态能像平时一样从容、自然，可总是做不到，渐渐地，你再也不愿到大众面前去了。

不敢在众人面前说话一般有以下三方面原因：

（1）觉得自己会在这些情境中丢脸。

（2）担心自己会在别人面前表现不好而尴尬。

（3）担心在别人面前暴露了自己焦虑紧张的状态。

一般来说，你的头脑里会有大量的典型的负性信念和想法，其中大部分都具有自我贬抑的性质。如认为自己的行为是不适当的，或者自己的表现缺乏吸引力。你对自己的要求实际上比别人对你的要求更加苛刻。在这种场合里你可能是过多地关注了一些威胁性信息，注意力集中于这些信息的一个直接后果就是你会夸大这些信息的重要性。比如，当你在众人前说话的时候，看到其中有一个人打了个哈欠（实际上他只是因为昨晚没休息好而打了这个哈欠），而由于你对这些信息的过度关注，以及你头脑里固有的负性信念，你会把这个哈欠解释为：他对你的讲话感到厌倦和乏味。这种情况下你的注意力就无法集中在自己讲话的内容上，而是更多地关注自己的表现。

这是一种"对人恐惧症"，这种惊慌是因你怕在众人面前出丑的心理引起的。你正处在青春期而又涉世不深，生理和心理上发生着巨变。

这时，你的自尊心也会迅速增强，如果你受到当众出丑的刺激，便会在心理上造成较大创伤，从而产生对众人的恐惧心理。你很爱面子，又十分注重别人对你的评价，然而又不善于表达自己的内心情感。当你面对众人时，那种感觉就像面对"猛兽"一样。此时你如果不直面这一误区，而是"再不愿意到大众面前去"，那你早晚要变得木讷寡言、落落寡欢，这不但丝毫不能解决你的"对人恐惧症"，还会愈来愈怕见人。

"大众"是由与自己同样普通的人集合而成的，没理由害怕他们。你在"大众"面前之所以感到紧张是因为你对他们的不了解。人对于不熟悉的环境总是会有种莫名的恐惧，但这完全是可以通过了解来克服的。你周围的人并不是"猛兽"，只是一般的人。"大众"正是由一个个普通人集合而成的，你既然不害怕自己，那就没有理由害怕跟你一样普通的他人。你太在乎别人对自己的看法，从而给自我施加了太大的心理压力。你要知道，这种压力不但不能使你表现更好，还可能把你彻底压垮。你要对"人"逐渐地加深认识，"每个人都会有不同的弱点，犯不同的错误，我为什么不能犯错误呢"？你把自己和他人放在对等的位置上，才会渐渐感觉到"大众"只是一群普通人，即使在"大众"面前"出点丑"也无可厚非。这种从心理上说服自己的方法比硬冲冲地到"大众"面前训练自己的应付能力更有效。

我们在电视节目中，有时会看到大明星的回顾专辑或 NG 画面，他们刚出道时模样生涩，角色也不起眼，与现在简直判若两人。是什么魔法改变了他们吗？当然没有。是无数的舞台磨练累积的经验，及克服种种困难瓶颈所产生的自信、圆融，让他们能自然散发出巨星的光彩。看 NG 出糗的画面，也只是莞尔，无损他们在人们心中所认同的形象。

因此要克服说话的恐惧，首先要建立正向的思考方式，发掘自己的长处，偶尔犯个小错出糗了，也没什么大不了。其次，充分的准备是必需的，平日多充实自己，有心的话，到图书馆走一趟，很容易就可以找

到许多教人说话的书，由不同的角度切入，带出许多技巧，可试着练习看看。或者观察那些"会说话"的人，他们有什么特质、长处是值得我们学习的。最后也是最重要的，就是找机会实际演练。要相信，说话是一门可以通过练习而提升的技能，天生口才好的人少之又少。

虚荣之下"死要面子"

虚荣心理，就是俗话所说的"死要面子""打肿脸充胖子"。从心理学角度看，它是一种追求虚荣的性格缺陷，是一种被扭曲的自尊心。人都有自尊需要，人希望在群众中能得到别人的尊重，获得真正的荣誉，这是合理的、正常的需要。但是，有虚荣心理者由于扩大的自尊需要，追求的是虚假的荣誉、名不副实的荣誉。他们通过吹牛、撒谎等不正当的手段，希望不付出劳动或少付出劳动而获得荣誉，因而无论对自己、对别人都是有害无益的。

某年国庆节前夕，在自贡市某技校读书的年仅15岁的毛毛从学校放学回家。途经柏溪镇时，他在街上碰见了初中同学多多和久久。多多对毛毛讲，他和久久准备去找"大钱"，问毛毛干不干？毛毛听后，虚荣心顿起，竟不甘示弱地神吹起了牛皮，称自己早就和别人在自贡等地抢了多少出租车和行人等，讲得眉飞色舞，俨然一个"闯荡"江湖的"老社会"。

多多和久久两人听后信以为真，要求毛毛带领他们抢出租车，并问毛毛有无匕首。此时的毛毛已是骑虎难下，但又丢不下颜面，谎称有刀放在宜宾朋友家中。两人又请"大哥"准备匕首好行事。死要面子的毛毛只好带着两个"小弟"在柏溪镇夜市的地摊上买了一把约半尺长的水果刀。随后3人商量好叫一辆出租车到高场，由"老大"动手，"小弟"帮助实施抢劫，然后分赃享用的计划。

当晚10点50分左右，3个荒唐无知的青少年动手了。3人提着书包来到柏溪镇出租车较为集中的三角路，谎称要到高场职中，坐上了一辆出租车。为了排解内心的紧张不安，也为了遮掩实施抢劫的企图，3人在行车途中还与司机讲些趣事，假意说笑。车至职中大门，由于路灯明亮，旁边又有待客的摩托车，3人不敢下手。毛毛只好硬着头皮再次谎称要到河边码头的叔叔家。

当司机驾车至高场粮站附近相对僻静的公路时，3人凶相毕露，实施了抢劫。其间，从未作过案的毛毛紧张得刀都脱了手。当司机在伸手入裤包摸钱时，做贼心虚的毛毛以为他要摸东西反抗，遂先下手为强，用早已抽出来架在司机脖子上的水果刀对着司机一阵乱刺。

从上述例子，可以看出不计后果的"死要面子"对青少年危害巨大。那么有了虚荣心理，青少年怎样克服呢?

（1）要有正确的人生目标。一个人追求的目标越崇高，对低级庸俗事物就越不会注意。一位名人说得好："虚荣者注视自己的名字，光荣者注视祖国的事业。"这是很中肯的。

（2）对荣誉要有正确的认识。我国古代诗人屈原说："善不由外来兮，名不可虚假。"希望得到别人的尊重是正常的，但这种尊重的基础是自己有所作为，而并非无所作为、弄虚作假，否则，即使眼下得到尊重，终有一天也会露出麒麟皮下的马脚来。

（3）要有自知之明。自知之明包括对自己的长处和短处都有清晰的认识。过高估计自己的长处，实际生活中达不到；过低估计自己的短处，实际生活又难以尽免，都会产生虚荣做法。承认自己的长处，坦白自己的短处，实事求是地对待自己，虚荣心理的基础就会大大削弱，许多麻烦的事情就能避免。

（4）不必计较别人的议论。有些青年人好虚荣主要不是在于争到荣誉，而是在于对某种非议的避免。其实，对"人言"也要分析，对于错误的人言，吹过去就是了，到头来，正确的人言总要占上风，我们的行为就会显示真正的价值，而获得真正的荣誉。让我们用实事求是的武器，去战胜虚荣心理吧！

■■■ 一切以自我为中心

老师给你布置了工作，你希望把它们留给别人，自己干些清闲的、干净的活儿；学校里发用品，你想先挑一份好的，然后再让其他同学挑；妈妈让你帮助姐姐做家务，你总说自己还小。你觉得自己就像是舞台中央那美丽的天鹅，所有人都要围着你转，同学们簇拥而来，把目光投向你，你会很高兴地翩翩起舞；而当同学们发现了比你更美好的事物离你而去时，你愤恨地架起一道墙，把他们都困在你的城堡里……

这就是我们常说的"个人主义""以自我为中心"。"以自我为中心"的心理特征表现为凡事以自我为中心，把个人意识及利益放在首位。中国幸福学认为，人的本性是不满足，不满足就是指人们都希望我或者我们的事物更好，信仰或理念更好。

在青少年中，以自我为中心现象比较普遍。数据显示，在15岁以下的青少年中，这种偏差心理比例占54%。这是由于年龄偏小的同学心理发育不成熟，性格不够稳定，容易产生固执、偏激的心理。

家庭环境、周围环境，还有一些不良的个性品质，诸如自负、爱好虚荣、依赖性强、内心空虚等，都容易导致"自我中心"，都容易成为滋生"以自我为中心"的温床。

　　"自我中心者"在认识上，容易产生片面性和独断性。自我中心的人对是非、善恶的判断存有缺陷，唯我独尊，唯我最好，唯我最对，唯我最行，一切以"是否有利于自我"作为衡量、判断别人言行正确与否的标准。其次，"自我中心者"在为人处事上表现为自私狭隘。凡事都只希望满足自己的欲望，要求人人为己，却置别人的需求于度外，不愿为别人做半点牺牲，在与人相处时，总是一味地考虑自己的心理需求。再次，"自我中心者"往往伴随着斤斤计较，表现在人际交往中受不得半点委屈，对个人得失和蝇头小利斤斤计较，缺乏崇高的理想、远大的抱负，因而也不可能拥有良好的人际关系。

　　其实，偶尔地表现出"自我中心"是人之常情，是无害的。然而，自我中心一旦成为一个人稳定的人格特征，则最终是有害无益的。那么，"以自我为中心"的人如何才能逐渐克服这种"自我中心"意识呢？

　　（1）要跳出狭隘的自我，就要多与同学交往。建议你可以通过换位思考的方法，站在别人的角度去考虑问题，多设身处地地替其他人想想，学会尊重、关心、帮助他人，以求理解他人。我为人人，人人为我，从中体验人生的价值与幸福。

　　（2）要学会宽容，求同存异。社会上的每个人都有其各自的欲望与需求，也都有其权利与义务。在交往、碰撞中难免会出现各种各样的矛盾，不可能人人都万事如愿的。这就要求我们在人际交往中正视客观现实，学会宽容，求同存异。我们可以理所当然地追求自我的权利与欲望的满足，但千万不能只顾自己，忽视他人的存在。如果人人心目中都只有自我，那么，事实上人人都不会有好日子过的。

　　（3）要加强自我修养，充分认识到"自我中心"的危害，学会控制自我的欲望。把自我利益的满足置身于合情合理、不损害他人的范围之内。俗话说得好："前半夜想想自己，后半夜想想别人。"说的就是这个道理。走出故步自封的天地，去爱别人，去接纳别人，去追求人生，去

探索自己的价值，关心国家大事，承担社会责任，积极地生活、学习，树立崇高的信仰。

总之，突破"以自我为中心"，其关键在于改变自己的认识。要认识到"自我中心"是一种不成熟的心理特征。而一个健康的人随着年龄增长，从最初的关注自我到逐步地关注他人，进而扩展到关注整个社会。因此，要使自己成为一个真正成熟的人，必须不断地主动去接触外界，了解外界，主动与他人沟通，获得他人的信息，丰富自己的内心世界。

与"以自我为中心"做斗争，不是要你绝对地放弃个人利益，而是要学会兼顾多方的利益，不走极端，尤其是不把自己的意志强加于别人头上，这样就可以逐步脱离"以自我为中心"的影响。

■■■ 不良情绪只是暂时的，不用理会

今天在学校里同学刺耳的话，伤了你的心，但你又不好意思当面驳斥他，和他争个面红耳赤，于是你把愤怒之火压在了心里。你感觉很难受，可是又不能发泄，你把自己关在房间里，越想越伤心，以至于让怒火在心里燃烧。你想"这也没有什么大不了，一切都会随着时间过去的，不良情绪只是暂时的，可以不用理会"。可事实并非如此，这几天上课你总是走神想着前两天发生的事，根本听不见老师在讲什么；即便是吃饭的时候，你也好像"若有所思"，更不用提休息了，它甚至影响到了你的睡眠。失眠、烦躁、焦虑，一下子找上了你，不久你大病一场……

人的心情也如天气一样，时阴、时晴、时苦、时乐，常常变化着。这是因为我们处在社会群体中，而不是孤零零的一个人，我们的生活、

学习或多或少总会受到环境还有他人的干扰，不管你是不是快乐，是不是愿意接受它们。

研究表明：不良情绪是健康的大敌。科学家称在不同情绪状态下，下丘脑、脑下垂体、自主神经系统都会有一定的生化改变，并由此引起身体各器官功能的变化。这就是情绪可以致病的生理学基础。国内外大量研究表明，长期压抑和不满的情绪，诸如抑郁、悲哀、恐惧、愤怒等，都容易诱发癌症。生理和心理学研究认为，应激状态可使人抵抗力降低，易罹患疾病。"一切顽固的忧愁和焦虑，可称为不良情绪，这种情绪强烈、长期存在，足以给疾病大开方便之门。"美国专家研究表明，因情绪紧张而患病者，占门诊病人的76%。近代国内外研究也证明，情绪在一些躯体疾病中，起着重要作用。而人的疾病状态，反过来也可引起情绪变化，两者互为因果。

长期压抑不良情绪不只是影响你的工作，更会影响你的生活，而人一旦失去了生活中的乐趣，就会越陷越深，最终淹没在纷纷攘攘之中。要明白，生活、工作、学习，每个人无论是在家里，还是在办公室里，都免不了在情绪上受到他人的影响，而使原来晴朗的情绪突然布上一片乌云。问题在于我们能不能在乌云密布的时候，保持冷静。我们没有多少力量去左右环境，既然如此，我们是否能试一试，在自己心里留出一片小小的、安静平和的地方，来保住那些快乐的种子呢？

我们熟知的马加爵的故事便是如此，由于不良情绪得不到合理宣泄，导致他犯下杀人的罪行。面对不良情绪我们怎能置之不理呢？

所以，当环境中的人或事令你受到伤害或打击的时候，千万不要选择垂头丧气来"报复"自己，要勇敢地面对低落情绪，抛开不必要的压力。试着丢掉那些无益的气恼，多往好的方面想想，相信你一定能在自己内心这片快乐的园地里，找到希望、安慰和鼓励的。

对于青少年而言，就要心平气和地接受各种自然情绪的流露。你可

以和同学讲道理，但切记不要争得面红耳赤，要与对方友善地交谈。我们常说"男儿有泪不轻弹"，殊不知男孩也是有感情的，他们也有悲欢离合的感触，并非如常人所讲"把泪水吞到肚子里"，那样反而不好。偶尔哭一次可以帮助男孩合理地宣泄心中的不良情绪，排解内心的忧郁，这对孩子来说是有好处的，但切忌把哭当做"家常便饭"，大事、小事都要哭个没完。"男孩，哭吧，不是罪"，勇敢地流出你的眼泪吧！

还要注意安抚自己的不良情绪，使它得到合理宣泄，既不伤害自己也不影响他人。

单亲孩子就应该自卑

当前，传统的家庭观念正悄然变化着，一个人们不愿接受的现实已摆在我们的面前：中国人的离婚率正逐年升高。随着离婚率的上升，校园中单亲家庭子女数量也逐年上升。父母的劳燕分飞、各奔东西，对于离婚的夫妻双方或者某一方而言，这可能是一种解脱。但对于孩子来说，父母离异却可能是个灾难。温馨的家轰然塌崩，孩子应当得到的关心、爱护和教育也随之烟消云散，这可能会成为影响他一生的精神创伤。

这些来自单亲家庭的孩子，思想上、学习上、行为上、习惯上，往往有着不同于其他孩子的表现。他们大都有被人遗弃的感觉，由此产生自卑心理。调查统计，其中，48%的孩子有自卑心理，40%的孩子性格孤僻，感情脆弱，25%的孩子感情起伏不定，24%的孩子心理早熟。

单亲家庭孩子自卑的程度不同，可分成三种情况：

（1）总觉得在别人面前抬不起头，所以干脆不与人交谈或少与人接触，显得孤单。

　　小鹃原是个性格开朗、成绩优秀的学生，高二那年父母双方签了离婚协议书。自那以后，小鹃愤怒、羞愧，心灵受到很大的创伤，上课萎靡不振，听课精神不集中，成绩一落千丈。她变得郁郁寡欢，极少与人接触，显得孤单。

　　（2）与人交谈中高声压制人，不容别人反驳，显得自傲。

　　（3）拼命与人接触，承认事实，而后在心理上自虐。

　　学生在冷清的家里丝毫感受不到家庭的温情关爱，对家毫不留恋，觉得外面的世界比家更有吸引力，外面的朋友比父亲和母亲更令自己感受到"人情"味，更能关照自己。故此，放学后就直奔"更精彩的世界"，与"朋友们"浪迹在网吧、游戏机室，深夜都不愿归家。其家长不知道或不愿知道孩子在外面什么地方玩，跟什么人在玩些什么东西。有时厉声责问，也是容易被孩子的花言巧语和谎话蒙住。

　　这种类型的学生在"精彩的世界"里逐渐产生对道德规范错误的认识，或者明知是错误的也不听而常犯。他们缺乏道德和社会责任感，对自我的评价往往不正确，容易受到"朋友"或社会消极的评价的影响，不易接受学校、家长正面的积极的教育和评价，这对周围的学生影响极坏。

　　虽然个别单亲家庭子女非常早熟、懂事，学习特别刻苦认真，但在不正常的心理压力下，他们的进步常常是微小的，更难以做到全面发展。一位心理学家说："父母离婚会造成孩子人格扭曲。有的孩子谁也不信了，甚至也不自信；有的孩子远离人群，成为孤雁一只。"

　　不知道看这篇文章的你是不是单亲孩子，又或者了解单亲孩子的自卑心理。我们不应该把生活在单亲家庭看作是一种自卑，相反我们应该自强。因为你比其他人更早地独立，更要学会照顾好自己，照顾好亲人，而当你真正做到这些的时候，心头洋溢的应该是一种成长的"自豪感"。没有什么可自卑的，父母的分别也许是为了给你一个更好的环境，你也

不想看到父母感情破裂，整天争吵，彼此之间都得不到快乐吧。其实作为父母，希望孩子快乐；作为孩子，我们也希望父母快乐！

孩子抬起你高傲的头，世界很多有成就的人也不乏单亲，把他们作为榜样，多向他们学习，让自己在坚强中成长，培养良好的性格和健康的心理。不要把自己排除于集体之外，你是集体的一分子，用你良好的品质和关爱去感染他人。

爸爸妈妈吵架与我无关

有些同学的爸爸妈妈脾气都不好，常为一点点小事吵得不可开交。每到这个时候，孩子坐也不是站也不是，心里害怕极了，索性就什么都不做。而当父母的争吵成为"家常便饭"的时候，孩子往往会明智地躲出去，他们觉得父母争吵与自己无关。

父母常对孩子说"大人的事与你无关"！因此当他们争吵的时候，孩子确实就采取了"袖手旁观"的态度。

洋洋的父母争争吵吵经历了10多年，一开始的时候只是小打小闹，互相拌几句嘴，洋洋看了觉得这只是父母间的"调侃"，并没有放在心上。当父母吵架时，他要么出去，要么就干自己的事，只当没发生。之后几年父母越吵越凶，已经不再是当初的小打小闹，两人把厨房的杯碗用具都摔了，最后还动了手。

一项最新调查显示，父母经常吵架的孩子比离异家庭孩子的心理问题更多，受到的直接伤害更大。专家告诫，让孩子生活得有安全感是为人父母最起码的责任，大人不要认为感情是两个人的事，便相互攻击、谩骂，这对孩子心理造成的负面影响将终生难以弥补。

明明的父母感情一直不好，经常当着孩子的面吵架，明明害怕极了，每次都吓得躲到角落里。一次父母又吵了起来，妈妈冲着爸爸大吼，爸爸情急之下打了妈妈一巴掌。躲在角落里的明明满脸泪水，吓得差点哭出声，自那之后明明再也不敢去人多的地方了，一看到有人打架，就慌忙地跑开。

父母之间的争吵，子女不能完全不管，这不仅影响父母之间的感情，同时还会给孩子造成一定程度的心理损伤。有些时候父母吵架也是引起子女重视的一种暗号，所以遇到父母吵架时一定要分析他们争吵的原因。

假如，妈妈常埋怨爸爸不讲卫生，或许嫌他多少有点儿懒，你能不能提醒爸爸呢？假如，是爸爸责怪妈妈为一点点小事就唠叨个没完，你能不能悄悄制止妈妈呢？家里没盐了，不等妈妈说话，你快跑几步买回来；屋里又乱了，爸爸偏偏不想动，你就勤快点很快整理好了。假如是这样，你父母的争吵就会少得多了。懂事的孩子，聪明的孩子，恰恰能在父母之间起到"润滑油"的作用。正是因为有了你，家庭这部"机器"才能运转正常。

也许，你真的做到了这些，但父母的"征战"依然不休。我想，如果是这样，他们之间的矛盾就不可能因你而化解了。再遇他们争吵，你不如立即回避。因为，他们有自己的感情世界，他们的是是非非，你还远不能明白，最好的办法是：三十六计，走为上策。出去散散心，透透气，或者找上个对心思的同学谈谈心。跳跳跑跑，说说笑笑，尽可能忘却心中的烦恼。说不定，当你犹犹豫豫回到家的时候，家里已经安安静静，就像什么事都没有发生一样。当然这是最好的结果了。

当然，大多数情况下父母之间轻微的拌嘴是不需要干预的，因为共同生活了一辈子，产生摩擦难以避免。而且有的时候挑起事端纯粹是为了调剂生活，就好像我们平时生活里的问候和打招呼一样，你一言我一语，并没有横眉立目，反而有几分玩笑在里面，包含了关怀与温情。

另外，父母争吵只要不涉及原则性问题，可以让他们充分表达自己的观点。如果争吵出现冲突，子女还是应该加以干涉，防止争吵升级为冷战甚至暴力。子女可以用一种较为幽默诙谐的方式来协调，说一句玩笑话，淡化一方的缺点或者过失，活跃气氛，转移话题，让气氛重新变得和睦起来，防止父母长期吵架出现新的问题。

父母恩爱，相敬如宾，家庭和睦，互尊互爱，是每一个孩子都渴望的。孩子觉得每天看到父母的真诚的笑容，感受到父母传递的幸福，就是快乐的。如果父母整天吵架，没有幸福，孩子也会感到痛苦，又何谈快乐呢？所以温馨和睦的家庭环境对培养孩子快乐的个性至关重要，它能让孩子时刻感受到来自父母的温暖，在幸福感的熏染下保持快乐的心态。

把幻想当成现实

青少年时期是一个充满幻想的时代，你喜欢幻想自己变漂亮，走在大街上很多人回过头来看你的样子；你喜欢幻想考第一名，站在领奖台上接受众人掌声与喝彩的样子；你喜欢幻想自己长大了，开着名车，住着豪宅，迎接众人"异样"目光的样子。幻想像是一个多彩的气球，不知道谁一不小心扎破了，于是你被残忍地扔回现实。现实中的你不美丽，没有钱、车和房子，没有好的成绩。幻想只是幻想，毕竟不是现实，你的人生就是这样了，没有动力，无法前行！

青少年期是人从幼稚顽童向成熟个体的过渡时期，随着生理发展尤其是性的成熟，青春期便踏着轻盈而欢快的步履悄然而至。此时青少年的心理发展也渐次成熟，这意味着他们将由一个依赖于成人抚养教育，主要按照成人和社会所制定的规范生活的孩子，逐渐转变为能够独立生活、自主从事各种活动的成年人。他们的认识水平、情感体验和自我调控能力都在这一时期有了飞速的发展，他们的理想、信念、世界观、人生观、价值观也慢慢地形成和定型，这为他们走向社会、步入人生定下了基调。这是青少年幻想形成的前提。

幻想是以社会或个人的理想和愿望为依据，对还没有实现的事物形成的一种想象。青少年把现实生活中的所见所闻，放置到自己幻想的世界中，实际是为了满足自己的一种虚荣、需求或追求。当然合理的幻想，能给青少年一种满足感，在精神上满足他们的虚荣追求等。某种程度上将也是一种动力，激励青少年为自己的美好将来奋斗，可以说幻想是青少年前进的"催化剂"。但不切合实际的幻想，就会变成一种空想，折磨着青少年的身心。就像一个甜蜜的梦，青少年沉浸其中不愿醒来，而一旦梦醒了，回到现实中他们又会备受打击，愤恨现实中的自己，愤恨周围的一切不如幻想中美好，进而抱怨父母没有给自己优裕的环境，抱怨周围的人世俗，悲观厌世，势必会阻碍自己的身心健康成长。

我们也不能把幻想等同于理想，二者有许多不同。理想首先应该是一个通过自己能够达成的目标，应该是有可行性的，符合实现的合理的目标。因此一个理想主义者首先就是一个现实主义者，他在追求完美的路上不断努力，充实自己让自己达到接近完美的境界。一个理想主义者为了实现自己的理想首先都是头脑冷静的，是客观看待世界的。因此他们才能够战胜一个又一个的困难最终实现自己的理想。

幻想主义者与理想主义者在生活观上的区别是：前者在遇到困难的时候总是希望有超人、上帝、救星能够给予他们帮助。他们总是希望有所依靠，得到别人的无私付出。后者在遇到困难时总是首先客观评价自己的能力，然后想办法去解决，他们不会轻易地索取。前者相信所谓天生的命运，后者相信思想决定命运。

这就要求我们正确处理幻想、理想和现实之间的关系。

面对在想象力发展过程中出现的问题，我们要限制想象力的发展吗？当然不是，对想象力发展要采取积极的态度，让想象充分发展，同时随着年龄的增长，还要学会分辨哪些是想的，哪些是真的，想象的夸张与现实的真实到底有什么不同。

最后，不要放弃做一个现实的理想主义者，只有真正的理想主义者，才能得到自己想要的生活。因为理想是建立在现实这个踏实的基础上的。那些所谓不屑理想主义者的，不过是一些从幻想主义经过生活失败经历演变成世俗主义的生活不如意的人。真正的理想主义者是接受生活中存在消极因素的，只不过他们因为有自己的理想，所以不会受消极因素影响罢了。

青少年现在的年龄本身就处于一种爱幻想的年龄，面对幻想，只要自己可以分清楚是现实和幻想即可。而有时候你可以把自己的幻想记录下来，这些幻想有些可以成为你奋斗的目标，而有些可能是一些新的创意。合理的幻想正是创造的开始，也是想象的一个最高境界。

吝啬才能把钱省下来

你认为节俭是一个人最优秀的品质，花费每一分钱，你都要斟酌再三。同学向你借块橡皮用一下，你都不愿意，生怕被他们弄坏了。有一次考试，同学的钢笔坏了，他向你借几元钱买一支笔，你仍是死活不答应。为此，你成了别人眼中的"超级铁公鸡"。你心里十分痛苦，百思不得其解：难道节俭也有错吗？

你这不是节俭，而是吝啬。节俭不等于吝啬。节俭，是在生活中节约财物、不讲排场的意思；吝啬，是舍不得钱财周济贫穷、不愿意救助急难的意思。节俭的确是一种优秀的品质，而吝啬却是一种不正常的心态。从心理学上看，它是一种消极的自我防御心理，你怕帮助了别人得不到回报而焦虑，从而建立起一个强度很大的心理防御机制。吝啬会削弱你的同情、仁爱之心，让你不关心周围的事物，即使有能力资助或帮助他人也不肯付诸行动。这样就破坏了你与同学之间团结和谐的关系，让你失去很多知心朋友，有了困难也就很难得到他们的帮助，整天生活在孤独之中。

有人定义犹太人吝啬，但是犹太人的花钱习惯，是在选择性的奢侈和精打细算的节约之间寻求平衡，与吝啬不可同日而语。所以这完全是一种误解，犹太人捐款时的慷慨大度是人所共知的。《福布斯》杂志中有一篇叫做《超级守财奴》的文章说道：美国前总统柯立芝，只有两套西装。石油大王保罗·盖蒂在家里装了付费电话，他说："如果让每个客人都打 10～15 分钟电话，加起来可不得了！"他出远门的时候，会叫守门人把信件写上新地址退给他，不让他们再花钱买新邮票。电影皇帝克拉克·盖博曾经为了软糖豆比一年前贵了几分钱，而和杂货店主争论不休。著名影星加里·格兰特把冰箱里的所有牛奶瓶都用红笔做上记号，以防仆人偷喝。至于汽车巨擘艾柯卡，在克莱斯勒做高级经理时，曾留下这样一个笑话："如果你与看起来像艾柯卡，声音像艾柯卡的人共进午餐，如果他主动拿起账单，这个人绝对不是艾柯卡。"

如今，不少有能力施舍的人，极尽奢侈；有能力节俭的人，却又很吝啬。如果既能施舍贫穷和救助急难，自己又能在平日的生活能节俭，且在雪中送炭时又不吝啬，就最好了。有人说"你是怎样的人，决定你能成为怎样的人"。一个人如果很吝啬，他又怎么会慷慨奉献自己，帮助他人呢？你也不想在别人为难的时候，抱着自己的钱罐儿，孤零零地

站在角落里，等待别人去创造奇迹吧？

你要培养自己的爱心，多做好事、多资助有困难的人，尽快消除吝啬心理，不要再因"节俭"而吝啬。关心与帮助历来都是互相的，每个人都会有需要别人帮助的时候，今天帮人一把，日后自己有什么困难，也一定会得到他人的帮助。懂得了这一点，你就可能会为以前"节俭"的做法感到脸红。所以，以后同学再向你借橡皮时，你要爽快答应，别人有什么困难，你要主动帮助。当你对待同学都充满了爱心，并能做到乐于助人时，还会有人称你为"超级铁公鸡"吗？那你就快快行动，尝试着去帮助身边需要帮助的人吧！

生活中要发扬"勤俭节约很光荣，铺张浪费真可耻"的优良作风。勤俭节约是一种良好的品德，但要摆正自己对人对事的态度，将其与吝啬区别开来，用合理的方法去实施节约计划，最后让你所珍视的、节约的东西，发挥其最大的价值。其次要制订计划，明智消费。俗话说："不当家，不知道柴米贵。"这将使你明白如何更珍惜生活，珍惜付出后得来的成果，并对你一生的成长产生深远的影响。

节俭习惯的养成，是一个日积月累、循序渐进的过程。要把孩子培养成有志向、有出息的人，勤俭节约、艰苦朴素的教育是不可或缺的，这将成为孩子永久的财富。

远大的目标才能给人动力

你总是故意给自己制定一个较高的目标，以为只有这样才能更好地激发出自身的潜能，激发出更大的干劲。你明知目标不能实现，但仍然坚持那个目标，你以为只有这样你才能有突出的表现。虽然你的成绩在班里平平，但你却给自己定了下次考试要考全校第一的目标，虽然你体质不行，但你却非要让自己在田径赛上夺得冠军……你总在鼓励自己，目标高才会成功。

期望值太高实现起来的难度相对就会大，如果头脑里总是装着一个不能实现的高目标，那无异于顶着一块石头，早晚会让你因不堪重负而垮下来。你之所以定出一个很高的期望值，无非是为了证明自己比别人优秀，你固然在力图实现它，带有一丝不达目的誓不罢休的味道，实际上这是对自己的不负责任。每个人都不免对自己有一些期望，这个期望值如果不切实际，太不合理，就会给你带来许多的失望和沮丧，反而会影响你的自我发展。

还有一种情况就是不可好高骛远，让我们来看看下面的例子：

最初鹍子能发出一种动听的尖叫声。当它听见马嘶叫后，觉得非常好听，十分喜欢，便不断使劲地去学马那样的嘶叫声。最终不但一点没有学会，而且连自己原来的叫声也不会了。

这故事是说，那些好高骛远的人总想要他本性以外的东西，到头来得不偿失，连他自己本来具有的东西都丧失了。

真正的成功是由明确、合理的目标开始的。首先你应该对自身的真实情况有所了解，然后依据自身条件制定合理的目标，为了确保目标的实现，你可以把大目标分成若干小目标，再制定好计划一步步地去实现它。比如，要想考全校第一，可以从争取全班第一开始，要想考取全班第一，可以从提高自己现在的成绩开始，总之，要结合实际，订立一个通过自己努力确实可以实现的目标，这样你干起来才真正会有劲头。

人生是一个旅程，如果你没有一个旅程计划，那你打算如何到达终点？如果你给自己制定的目标太高，前进路上一路坎坷又会打消你的积极性，所以制定目标要合理。

（1）如果你已经有了一个计划，先问问自己下面的问题。

"关于这件事情，我了解什么？"

"我已经掌握了哪些信息？"

"哪些信息是我需要的？我该如何获得这些信息？"

"我需要熟悉哪些技能？"

"我该利用其他什么资源？"

"这是解决问题最好的办法吗？还是还有其他更好的办法？"

（2）设定目标的起点要低，然后慢慢提高自己的目标。

一个人的梦想不是越远大越好，而是能够作为目标引领自己的人生为最好。很多时候一个人的梦想能否最终实现，最关键的是看对自己是否有着清醒的认识。所以目标并不一定要设置得太高，如果你把自己的目标设置太高，你会发现你需要投入大量的时间和精力。到头来你只能放弃，或者重新设定另一个差不多的目标。认识自己，先要树立一个可以实现的梦想。合理地规划梦想，把自己的综合能力和自己的未来结合在一起，那就是自己的梦想空间了。

（3）把目标细化。

也许你会设定一些宽泛的目标，例如："我想成为一个成功的人！"但是，怎么样才算达到目标了呢？倒不如把这些个目标分为生活中各个方面的小目标。按照时间、日期、工作量等其他要素，细化成一个个容易操作的小的阶段。这样，你的目标才更有可能会实现。记住：即使是伟人，他也是从某一点开始做起的。

（4）要有时间观念，不要拖延。

浪费时间就是浪费生命，也是慢性自杀。如果目标的其中一个环节被拖延，后面的环节就需要付出更多的时间和精力补上前面拖延造成的损失。为了避免自身的懒惰或是其他原因造成的拖延，你可以给自己设定一个时间表，也可以在每次按时完成目标时给自己一个小小的奖励。

做好现在，才有将来。一个没有根基的房子是无法盖起来的。我们的梦想也一样，现在是将来的基础，没有哪项成就是"空中楼阁"，不需任何基础就能建起。一个身居高位的人，一定是积累了很多实际的工作经验才顺利升职的。那些不肯"屈就"的人，往往也难以如他们所愿地登上高位。真正的梦想与现实之间有一座桥梁，它需要你努力向前，走稳脚下的每一步，才能到达彼岸。当一个人只溺于理想而逃避现实时，他就失去了立足之地。

不假思索动手就干

你总是"风风火火"，一想起做某件事就要马上付诸行动。你不喜欢等待和规划，你觉得这样无形中会浪费做事的时间，影响效率。你甚至觉得生活中需要的就是"敢拼""敢干"的十足劲头，所以你毫不犹豫地投身于自己的事业中，什么都不去考虑。

青少年意气风发，"说干就干"这种精神值得佩服，但是不假思索，做事前缺乏周密的考虑则会酿成恶果。

小韩是班上学习成绩数一数二的好学生，学习也很踏实，连老师都夸"小寒将来考进市重点高中一点问题都没有"。可是不久却发生了一件令人震惊的事，放学的路上小韩看到好朋友和别的同学打起架来，还一直喊自己过去帮忙，一时间慌了手脚。"不过去帮忙以后大家肯定看不起我，过去帮忙我又没有打过人"，情急之下，他捡起一块砖头朝同学头上砸去，顿时血流满地，好朋友也看着他，惊呆了……

相信读完上面这个故事大家都会有所深思，因为做事前缺乏思考力，小韩的市重点高中梦破碎了，等待他的也成了无边的黑暗。我们常说"三思而后行"就是这个道理。

青少年盲目地凭借自己一时的义气或者自己不正确的思维方式行事，没有科学的指导，忽视法律的存在，结果可想而知。不假思索动手就干，虽然青少年的目标明确，但无疑中间的实施过程严重缺失，这是心中的一道空白，那该如何填补呢？

"三思而后行"出自《论语·公冶长》，季文子做每件事前都要经过详细考虑，然后才去做。孔子听说了这件事，就对他说："你不要想着直接去做就行。""三思而后行"的原意是指犹豫不决，拿不定主意。但是随着时间的流逝，语言环境的变化，其意义也发生了改变，于是就有了今天的："做事前先要经过一番周密的考虑，然后再动手实行。"同时它也成为了一条训诫，保留至今。

当今社会文化竞争日益激烈，而文化竞争的决胜力量又在于思考力。当前青少年普遍存在浮躁心理，做事前缺乏周密的考虑，往往不计后果，凭借一时的冲动"一失足成千古恨"。虽然很多父母都喜欢亲自规划孩子的生活学习，做事前为孩子想好种种可能的情况，但父母毕竟不是孩子一辈子的避风港，培养孩子的独立思考力才是最终的目的。

明白了以上道理，我们就应该让孩子在培养自己做事前的思考力上下功夫了。

首先青少年要多看书，读完了之后还要思考。"学而不思则罔，思而不学则殆"，可见思考的重要性。要切记死读书，列宁说："我们不需要死读硬记，我们需要用基本的知识来发展和增进每个学习者的思考力。"

我们常说"性格决定命运，观念决定成败，思维决定性格和观念"。我们要培养良好的思维习惯。思维是人脑特有的对周围世界进行分析、判断、推理的一种认知活动，在认知过程中人会运用各种各样的思维方式，人一旦将某种思维方式形成固定反射，就成了思维习惯。好的思维习惯对于提高人认识世界的水平、保持人的身心健康是有利的，而不良思维习惯则会导致人认识世界的错误，也会对人本身的身心发展造成巨大伤害。现代社会人的生存竞争越来越激烈，不良的思维习惯直接导致人性格的错位和观念的变异，给人带来精神上的生存障碍和生活、工作等的压力。所以，尽早锻炼你做事前的思考力吧！

沉默是金

有这样一个故事：一个远道而来的客人郑重其事地送给主人一个礼盒，主人非常开心地收下了，打开一看只是三个很普通的小金人。主人很奇怪地问远道而来的客人，为何送这样的小金人给他。客人拿出三个小金人放在桌上，用一根稻草做了一个实验给主人看，当稻草穿过第一个小金人左耳的时候，稻草从右耳出来了；客人又用稻草穿进第二个金人的左耳，稻草立即从金人的嘴里吐了出来；当客人再次把稻草穿进第三个金人的左耳时，却被第三个金人吞进了肚子里，再也出不来了。

这个故事其实告诉了我们一个做人的道理：有种人做人很消极，对什么都不会用心去想，也很难用心去做，对生活是一种混日子的态度。也就是第一个金人，对所有一切都不会经过他的思维，更不会付诸行动，左耳进右耳出，好像什么都没有发生，这是一种对生活消极对抗的情绪，也是对自己的一种放纵，对好的意见和有建设性的提议甚至都懒得去理会，长时间地沉浸在自己固定的思维里面，不想发展也不想突破，做人以过一天算一天论。

有的人做人在小处很精明，喜欢着眼于眼前利益，也善于利用一切机会，为了显示自己的博闻，喜欢到处打听，然后不负责任地乱说。有的是因为头脑简单，凡事不用大脑，喜欢成为闲谈的主角，也许并没有

多大的恶意，只不过对看到的听到的不会加以分析，说出来的话只是别人简单的重复，该说的不该说的都说了出来。谈到有什么居心，也未必有，只不过有时候太热衷于传播一些不切实际的言论，让周围的人感到尴尬甚至搞出很多是非，而且很有可能被别有用心的人利用。做人有时候需要厚道一点，听到的和见到的未必是真实的，片面的言辞会伤人于无形，不负责任的传播可能会给别人带来不必要的干扰。这也是第二个金人要告诫人们的：慎重自己的言行。

在一个特定的环境或是一个特定的时期，沉默是最好的处事为人的方法。很多时候的很多事，不是谁想怎样就能怎样的，有许多客观和主观的因素影响着事态的发展。对很多未经证实的言论最好不要评说，放在肚子里，让不好的传闻止于你的沉默，对别人负责也是对自己的尊重。

沉默并不是一件坏事。沉默或是一种对自己的保护，抑或是对某种东西的反抗，更或者是彻头彻尾的无话可说——习惯成自然。人的沉默也会随着角色扮演的转换而发生变化。当你非常排斥某种场合的时候，你会选择沉默来保护自己；当你非常喜欢并想要融入某个群体的时候，你会突然说很多话不再沉默。生活中我们都有这样的经验，在一群人面前你发现自己是格格不入的，于是你选择沉默，你扮演的是这样一个角色，这些人会认为你是一个很内向的人。可是当你进入另一个空间的时候，你非常喜欢这个场域的人和氛围，你不再沉默，滔滔不绝地说话，这时这个场域的人觉得你是一个很健谈的人。其实，那个沉默的你和那个滔滔不绝的你都是你自己，你只是在不同地方选择扮演不同的角色，可是在扮演的时候你自己并没有意识到。

当然沉默只有在一种情况下是不好的，那就是一种冷暴力。当一个课堂需要大家提出怀疑的声音时，所有人都选择沉默。当一个不好的现象需要有人提出质疑和批评的时候，没有人说话。当在公车上看到有人没素质地做不好的事时，大家都沉默。那一刻，沉默是令人寒心的，倘若只有你一个人在呼喊，孤独感会包围着整颗心。

现代的社会应该是张扬个性的年代，张扬的是自己的自信。做人的磊落，凭的是真正的能力，而不是踩着别人的肩膀还嫌不够稳妥，用一种似是而非的诽谤获取自己想要的东西，就算一切可以暂时得到，却失去了做人应有的尊严。

沉默静守才能保持自己的清醒。当生活的巨浪袭来的时候，用自己稳健的行动去抵挡，此时语言的力量是苍白的无效的，就算你使尽全身的力量也喊不出和浪涛声相抗衡的音量。沉默不是退让而是积蓄下一次奋起的力量，寻找时机走出人生真正的辉煌。

朋友之间无话不谈

人际关系的密度并不是越高越好，"距离产生美"，不要时时刻刻把自己的透明度设置为百分之百，要懂得运用距离效应。

有节制有理智的交往才是正确的交友态度，朋友之间不能毫无顾忌。正如安全的地方，人的思想总是松弛的一样，在与好友交往时，你可能只注意到了你们亲密的关系在不断成长，每天在一起无话不谈。对外人你可以骄傲地说："我们之间没有秘密可言。"但是，毫无间隙的距离，往往会对你造成伤害。

有两只小刺猬，尽管躲在洞里，也尽量蜷缩着身子，因为天气实在太冷了，即使这样它们仍然被冻得瑟瑟发抖。就在它们感觉快要被冻僵的时候，其中的一只刺猬突然灵机一动，向另外一只建议道："我们靠紧一点，或许身上的热量会散发得慢一点。"另外一只也觉得有道理，于是，它们开始了尝试。但没想到的是，由于它们靠得太紧，身上的刺刺到对方了。

虽然第一次尝试失败了，但由于它们在被对方刺痛的同时，也确实感到了对方的温暖，所以它们没有气馁，又重新开始了第二次尝试。这一次，为了不伤害对方，它们开始小心翼翼地一点一点地靠近，最后，它们成功了。它们终于找到了一个合适的距离。

有很多人遇到过这种情况，朋友的热情让你害怕甚至恐惧。朋友之间各自的家庭和其他社会环境，都不尽相同。作为朋友，如果不考虑实际，以自我为中心，强求朋友经常与你在一块儿，势必会给他带来困难。此外，人与人之间的差异是必然存在的，交往的次数愈是频繁，这种差异就愈是明显，经常形影不离会使这种差异在友谊上起到不应有的作用。因此，交友不要过往甚密，一则影响着双方的工作、学习和家庭，再则会影响感情的持久。交友应重在以心相交，来往有节。

好友亲密要有度，切不可自恃关系密切而无所顾忌。亲密过度，就可能发生质变，好比站得越高跌得越重，过密的关系一旦破裂，裂缝就会越来越大，好友势必会成冤家仇敌。而现实生活中，牢记这一点的人并不多，以密友相称的人为了证明一切，把当众指责、揭露看做一种证明的手段，往往导致友人的不满。"朋友的形象是你们共同的旗帜，不论关系多么亲密，请你不要砍伐它。"

不要拿爱情的标准来衡量友谊，你不要希望你的朋友像妻子一样对你忠贞不贰，爱情是越专一就越甜蜜，友谊则不一样，我们生活在大千世界里，世界上的路不会只有一条，友谊本来就是很多人的事，朋友多了苦恼会少，朋友少了苦恼会多。你应该看到这一点。你是这样，你的朋友也是这样。

健全的和非健全的友谊之间有一条细微的几乎模糊不清的界限。有些人与朋友的关系恶化、令人失望或极其令人不满，他们往往无法区分健全的和非健全的友谊。过分地依赖会损害你和朋友的关系，而且是双方的。朋友并非父母，他们没有指导和保护你的义务，他们能给你支持，但不可能包办代替，你必须清楚，他们只不过是朋友而已。如果你自己缺乏主见，就会使你受到朋友正确或错误的意见的影响。为此，你应该立刻决定，摆脱对朋友的依赖。

想要控制朋友的想法是愚蠢的。有的人，他们不可抗拒，盛气凌人，在与朋友的交往中，总喜欢指手画脚，不管朋友的想法如何，都要求朋友按照自己的意愿去做。这种做法无疑为友谊的发展埋下了不祥之笔。如果你想对朋友说"你应该""你不应该""你最好""你必须"之类的话，那么你无疑是想控制朋友的生活，这种做法，会使朋友感到很不愉快。如果你是被控制的，不要认为有人为你操心一切是再好不过的了。控制你的朋友不是知心的朋友。谁都不希望被任何人统治，每个人都希望平等地交往。

亲密的友谊，是在理解和赞扬声中不断成长的，不应该是粗鲁的、庸俗的。该拒绝时不要迟疑。当然，帮助朋友是应该的，尤其是主动地和心甘情愿地帮助需要你的朋友。但是，如果你是被某种心理上的压力所迫，对一切都点头答应，这实际上是在屈服于另一种性质的某些动机，那会失去自己做人的原则和方向。

我们和父母有代沟，无法沟通

代沟是指两代人因价值观念、思维方式、行为方式、道德标准等方面的不同而带来的思想观念、行为习惯的差异。"代沟冲突"即由这一差异而导致的两代人在解决问题方式、评价问题标准等方面产生的分歧和矛盾。

　　代沟形成的原因有很多，归纳起来，主要分为生理、心理、社会发展、角色差异等原因。生理上，青少年正处在发育阶段，体力和智力发展迅速，好运动、敢创新，但却耐力不足；成年人的身心已发展到最高峰，对人生、社会已有全面成熟的认识，态度和观念也已基本定性，缺少变化。

　　心理上，进入青春期的青少年因依附性减弱，独立性增强，从而使亲子两代人在对事物的认识上产生一定的距离。

　　从社会发展角度分析，两代人成长的社会环境不同，适应环境变化的能力也不同。父母的世界观和人生观可能和孩子的想法相去甚远。另外，两代人适应环境变化的能力不同，社会观念、社会环境、工作性质、生活方式、人际关系等方面的变化，对上一代人冲击较大，他们不能很快适应这个时代的发展，而正处在这个时代的青少年，能很快融入这个时代，能够迅速接受新鲜事物，两代人之间因此出现摩擦。

　　再者，二者之间所扮演的角色不同。作为父母，要承担一定的社会责任，需要履行抚养、教育孩子的义务。他们对子女有很高的期望值，希望孩子听话、有出息。而青少年则处于被教育、被保护的地位，他们的要求很容易被忽视，尤其是父母的爱护常常被他们看成枷锁。

　　由于态度的不同及意见分歧，因此出现了一条心理鸿沟，致使青少年认为父母不了解他们，有事宁可与同学商谈，而不愿向家长诉说。他们甚至以不满、顶撞、反抗等方式试图摆脱成人或社会的监护，以自己的方式行事，坚持自己的理想和判断是非的标准。

　　从某种意义上说，代沟是时代进步的标志，但也是困扰交流与沟通的难点，且容易增加形成偏见和歧视的可能性。代沟两侧的人轻则互不理解，重则抱有敌意，所以要通过种种途径，做各种努力来跨越代沟、填平代沟。代沟是一种心理存在，良好的沟通方式可以让因代沟曾经断裂的心理联系接续起来，从而达到交流的顺畅和相处的和谐。

承认代沟：面对代沟，不要回避，要迎刃而上。生活中的代沟，其实可以不必计较，所谓青菜萝卜，各有所爱。而思想上的代沟，需要在沟通中进行碰撞，在碰撞中取得个性的共振。两代人之间不能伤感情，不然，不但无法沟通，而且会加深隔阂。

著名家庭教育专家李晓凡和儿子王树之间的故事可以借鉴。从称谓就可以看出李老师和儿子之间的平等关系：哥们儿、老同志。一次，李晓凡无意中发现一封女生写给儿子的情书，她没读内容，悄悄把它放在桌上。这是她无声地告诉儿子：妈妈知道这事儿了。冷却一段时间之后，儿子坐不住了，主动和妈妈谈起一个女生。李老师没有大惊小怪，反而鼓励儿子树立正确的恋爱观。一场容易激化的早恋风波顺利地平息下来。

消弭代沟，需要家长和孩子的共同努力。可怜天下父母心，做父母的谁不想父爱母慈，儿女听话，有出息？所以对于父母给我们的无法承受的期望要及时和父母沟通，增进与父母之间的信任情感。同时要求父母尊重自己的同时，也要尊重父母。青少年由于涉世不深，看待事物经常抱理想主义的态度，遇挫折易于沮丧，也易受他人影响，考虑问题片面甚至凭冲动办事，理性不足、是非界限不清。这就需要双方共同的谅解。

■■■ 网络才是容身之处

随着科技的发展，网络作为新兴的技术手段方兴未艾，它不仅是一项技术依托，更是时下青少年的"新宠"。如今的青少年喜欢沉迷于网络，把网络当做自己的另一个世界，除了家以外第二个"容身之所"。他们在网上感叹着自己的伤悲，发泄自己的愤怒，更在游戏的世界里疯狂享乐。

这就是我们所说的网络成瘾，又称网瘾综合征。临床上是指由于患者对互联网络过度依赖而导致的一种心理异常症状以及伴随的一种生理性不适。

有台湾学者认为，网络成瘾是由于重复地使用网络而导致的一种慢性或周期性的着迷状态，并且带来难以抗拒的再度使用欲望，同时对上网带来的快感一直有生理及心理依赖。也就是说，因为网络的许多特质带给使用者许多快感，同时又因很容易重复获得这些愉悦的体验，使用者便在享受这些快感时渐渐失去了时间感，逐渐对网络产生依赖，导致沉迷和上瘾。

网络上瘾危害诸多：

（1）对身心的损害。网瘾综合征是由于成瘾者上网时间过长，使得大脑相关的高级神经中枢持续处于高度兴奋状态，引起肾上腺素水平异常增高，交感神经过度兴奋，并使血压升高。这些改变可伴随着一系列复杂的生理变化，尤其是植物神经功能紊乱，体内激素水平失衡，使免疫功能降低而导致种种疾患，此外也会诱发心血管疾病、胃肠神经官能症、紧张性头痛等，还伴有性情异常改变，如焦虑忧郁、动辄发怒等。同时，由于眼睛过久注视显示屏，可导致视力下降、眼痛、怕光、流泪、适应能力降低等，上网时间过长还会导致手腕关节不适、腰酸背痛、注意力不集中、紧张、焦虑、失眠及心情抑郁等症状。同时调查显示，长期沉迷于网络还会使智力受到不同程度的损伤。

（2）对学习的影响。有研究表明，过度的网络使用是导致学生学业成绩下降的重要影响因素之一。与普通学生比较，这部分学生的特点是上网时间长，上网所从事的活动大多与学业无关（如网络聊天和网络游戏），上网之后大多感到成绩下降，逃课的行为发生率高，学习兴趣、学习态度等正向态度偏低。可见，不恰当的网络使用对学生学业确实带来许多负面影响。

（3）对青少年人格意识和思想的影响。长期流连于虚拟网络社区，经常沉迷于角色转换，对于尚须进一步完成角色社会化的大学生来说，上网容易产生角色认知的偏差。台湾学者对2000多名大学生进行网上调查，发现一些人长期沉醉于网络世界，对网络操作时间失控，而且随着乐趣的增强，欲罢不能，难以自拔，已经不懂得和正常人沟通，产生网络心理障碍。网瘾潜在地对人格意识产生负面影响，容易被不良的价值观念和意识形态所影响。大量事例表明，假如对垃圾信息不加控制而一味地接纳，就会逐步影响到人生观、价值观，最终破坏大学生良好心态的形成，导致价值取向的错位和人格的变异。

综上所述，青少年应及早脱离虚拟的"网络家园"，回归真正的家园。对于学习生活而言，网络是我们了解世界、认识世界的工具，它是一条传播信息与知识的通道，而非我们的容身之所。青少年要学会合理地利用网络，为了自己的身心健康，不要沉湎于网络的"诱惑"，尽早让自己从网络的泥沼中走出来。

用"第一印象"看人

你对人的判断总是凭着"第一印象"，你觉得这是很宽松的判断标准，因为每个人在给人创造第一印象时总是力争表现最好的一面。如果连这最好的一面都让人感到不堪入目，你便相信这人好不到哪儿去，于是你便很讨厌给你第一印象不好的人。

人与人第一次交往中给人留下的印象，在对方的头脑中形成并占据着主导地位，这种效应即为第一印象效应。

研究也发现，第一印象对人际信赖很重要。在好莱坞的商业片中，我们经常会看到这样的情节：一个在剧中有非常"糟糕的出场"的角色，却能随着情节的发展逐渐形象高大，与剧中人物建立起愉快的令人信赖的关系。但是最近的心理学研究表明，这种情况在现实生活中是很少发生的，糟糕的第一印象非常影响信任关系的建立。

每个人都不可能在第一次会面时便表现出全部的内涵，你如果单凭第一印象便给人下出"这人好不好"的结论，那说明你舍弃了一个人的内涵而太侧重于看人的局部。他也许以为这种"跟着感觉走"的做法很科学，实际上，却不容易看到人的内心。常言说"浇树浇根，交人交心"。一个人的第一印象固然有先入为主的一面，可你也不能肯定别人第一次见到你时便一定能将最完美的一面表现出来，也许他正处于情绪波动之中呢？以貌取人，往往会使你失去真正的朋友，而交到一些花言巧语、见机行事的"滥友"。

不仅如此，生活中你是不是也会发现，有时候刚开始认识某个人，你会因为"一面之缘"觉得无法与对方交流，因此产生一种厌恶感。可是深交之后，你会发现事实并非如此，其实这个人为人友善，胸襟广阔，是难得的朋友。

应该学会更全面地看一个人，不要急于凭第一印象便给人下出好与坏的结论。无论对方给你的第一印象多么差，你都不能以一种排斥的态度来对待。对一个人下正确的结论，要在多种不同的情况下，多角度地观察他所表现出的典型行为。也许你曾经遇上一个很害羞的人，于是你便觉得此人"缩手缩脚、难成大器"从而拒绝了他。可你没想到他的害羞仅是由性格内向造成的。你不妨看看他与已经熟悉的朋友是怎样交往的，他不但不害羞，还语调铿锵颇有主见，并且对朋友的缺点和错误直言不讳，他的朋友都很喜欢他，视他为难能可贵的"净友"。而你也正希望交到这样的朋友，如果你仅凭第一印象便认为他缩手缩脚从而与其失之交臂，岂不是太可惜了？

其实第一印象是片面的，想要全面的了解一个人，还是要慢慢地相处、体会。

人"善"被人欺

人们都说"人善被人欺，马善被人骑"。那么人际交往中，老实人就一定会吃亏吗？

你是一个老实人，但你觉得，现在这社会，老实简直就成了愚笨、拙于心计的代名词，所以，人不能太老实，否则就会吃亏。于是，与同学吵架后，你会悄悄地把他的课本及文具盒藏起来；与他人相处时，为一点小事你就想大打出手；要是有谁一不小心"冒犯"了你，你更是得理不饶人，非要讨个"说法"……

老实人，实际上可分为不同类型：

第一种"老实人"，忠厚、善良、本分，但缺少知识和社会经验，思想方法简单、能力不高、辨别力不强、不会交际、不善于表达、胆小、天真、轻信。

第二种"老实人"，忠实、厚道、善良、诚信、本分、无非分之心、无损人之意、循规蹈矩、责任心强、办事认真。

还有一种"老实人"，除了具有第一、第二种"老实人"的忠实、诚信、本分等品质外，更将这些品质升华到对国家、对人民赤胆忠心，能坚持实事求是，敢讲真话，勇于开拓，光明磊落，吃苦在前，享乐在后，廉洁奉公，遵纪守法，淡泊名利。

老实人不一定吃亏。老实人最大的优点就是真诚不造作，只要周围人也能做到以诚相待，那么就一定不会吃亏的，反而更得到尊重。老实人是不一定吃亏的，关键是要有策略和头脑，合理地运用自己老实的个性。

前面我们提到的这种异常心理在心理学上叫做定势错位。你可能是因为看到现在社会上一些老实人吃亏，一些"不老实"的人反而得逞的个别现象，就以偏概全地按照这种固定的思维去看待社会，形成了一种心理定势。你这样做是迎合了一些与现状相悖的观点和行为，所以你对社会现实的判断是错误的。这种心理的危害是极大的，对你个人而言，可能会因此而对社会丧失信心，变得心灵空虚，在学习上也不思进取。如果这种心理长期得不到纠正，等你以后走入社会，也有可能变得斤斤计较、得寸进尺、算计他人。就你的人际关系而言，这种错误心理可能会导致你与同学之间的不信任，甚至会产生摩擦和冲突。

那么我们该如何克服呢？

你可以进行自我调适，纠正错位的思维定势，以一种健康的心态去看待社会。在当今知识经济时代里，社会正大力提倡诚信，要求建立一个诚信社会的呼声也越来越高。对人来说，"说老实话，办老实事，做老实人"是诚信的表现，是一种优秀品质。在与人交往的过程中，老实人能给人一种值得信赖的良好印象，从而能更好的发展，怎么会吃不开呢？一个工于心计、得寸进尺的人可能会得到一时的好处，但时间长了，人们就能识破他的真面目，从而唾弃他，那样的人才会真正的吃不开。如果你会这样想，就能摒弃"老实人吃不开"的错位心理，为你是个老实人而感到自豪的。

什么事情都要有一个度，老实当然也要有个度。有些方面是会吃亏，但有些方面就有收获啊。凡事都有两面性的，看你怎么看待，最重要的是保持心态平衡。

追星，没有什么大不了

随着时代的不断发展，青少年的娱乐生活也越来越丰富多彩了。特别是近几年来刮起的一股"追星"热潮，更是直接影响着学生的学习和生活。学生们或多或少都表现出特别喜欢某个明星、歌星，有的甚至还专门去模仿他们的动作、穿着等，我就把这样的学生群称作"学生追星族"。

追星，在当今社会是一种很普遍的现象，"追星族"这个名词越来越普遍，尤其是青少年，他们似乎是"追星"的易感人群，在因某个明星而尖叫的人群中，我们看到的更多的往往是那些稚气未脱的学生们的脸。这种现象实在是不能不使人担忧——当然全盘否定未免过于偏激，但追星的害处也同样是有目共睹的。

现在我们来说说追星族们。其实追星也挺累的——某个歌星开演唱会，粉丝们总会提早几个小时甚至大半天到场，为的只是尽早见到他们的偶像，实在是精神可贵！演唱会上呢？尖叫声一直从开场持续到散场，震耳欲聋，大有盖过歌手的歌声之势，恐怕一场演唱会下来，粉丝们的嗓子没有个把星期是恢复不了的，而且有的粉丝还会突然冲上台去，摆个pose留下纪念，实在是太过热情了。

而且仔细观察不难发现，追星族中往往有许多盲目追星的。这一类追星族为了自己的偶像，往往会"竭尽所能"，为了见一面可以一路穷追不舍。曾经有一篇报导就写过，一些粉丝为了追韩国女星金喜善而一路乘飞机、上火车、坐汽车，为的只是一睹金喜善的真容！而且有些追星族一提及到自己喜爱的明星，就会兴奋起来，滔滔不绝，有说不完的话，崇拜、激动之情溢于言表，一口气能把一个明星的一切剖析得透透彻彻……

但试想，作为追星族的主力军的学生朋友们如果追星追到这种程度，难道还能说对他们的主要任务——学习会不造成影响吗？事实是：不但有影响，而且更多的是负面影响。在此，我们不得不呼吁，追星不该全盘否定，但现在我们面临的却是一个严重的问题：盲目追星已成为一个严重的社会现象，它带来的负面影响实在不容忽视！喜欢"一颗星"并没有错，但凡事都应该有个限度！

这里有一个问题，追星族到底追哪些星，这些星到底值不值得追？纵观当今社会，我们不禁感叹：现在的"星"实在是多啊——体育明星、演艺明星甚至包括作家，各类名人数不胜数，而每一个"名人"又往往拥有相当数量的粉丝。当然，喜欢一个人并没有错，但各位追星族是否想过这些"星"真的那么值得追吗？

青少年有自己的崇拜对象，无可厚非，我们可以换个角度看待这些明星们，对青少年提出了一些建议：

（1）选择偶像要多元化，向不同的偶像学习。

由于不同类型的偶像各有优劣之处，青少年宜多选择不同类型（例如不同行业）的人物为偶像，学会从不同偶像身上吸收有利于个人成长的成分，向偶像学习。

（2）深入认识偶像背景，从各方向看待偶像。

青少年过多关注的往往是明星的青春貌美、才艺等，而缺乏对其背后努力的认同。宜多从不同层面来认同偶像（如形象特征、才能特征、人格特征和偶像的奋斗成功经验等）。能学会从不同层面认识一位偶像，便不会盲目跟随偶像的各种表面行为。

（3）勿在追明星偶像身上花费太多。

青少年必须认识大部分明星偶像（包括歌星或影星）的知名度是与

投入宣传资源多少有关。商家在提升了偶像的知名度后，其目的是要获利，然后透过传播媒介再行推销，然后再去获利。作为青少年学生，我们应懂得节制，勿花太多的金钱于追星上。

情窦初开，早恋好

"什么时候，我的梦里有了你？什么时候，我不再无忧无虑？什么时候，我不再随便放我的日记？我一时想不起，我只知道，我总想看到你，喜欢与你在一起！期盼你向我借橡皮，期盼你要我解难题……"这是情窦初开的中学生心灵的真实写照！青春的觉醒，给少男少女带来了无限的神往，也带来了莫名的困惑。中学生也开始探索和尝试那种"羞答答的玫瑰静悄悄地开"的爱的奥妙和甜蜜。

不知道大家有没有看过一部描写中学生早恋的青春小说——《被爱打扰的日子》。该书讲述了一群中学生在青春萌动期所发生的一个个朦胧的爱情故事，并提出了鲜明的口号："毕业了，再相爱！"为什么要提出这样的口号？我们先来看看中学生情感的特征：

（1）朦胧而盲目：畅游在青春小河里的青少年，还没有懂得什么是真正的爱。也许你只是喜欢他（她）的外貌，你只是忘不了他的声音、他打球的动作、他走路的样子，甚至是他穿在身上的那一件外套；你只是钟情于她的笑容、她的眼神、她的舞姿，甚至是她飘逸的长发。你可能几乎没考虑自己应找哪一种人，不该找哪一种人，有的只是为了排遣内心的烦闷与孤独，有的只是为了面子好看，还有的只是为了好玩和探奇。其实真正的爱不仅仅是一种情感，更是一种责任和义务，是一辈子的承诺和关怀。中学生这种朦胧的盲目的爱常常没有方向，甚至走入许多误区。

（2）单纯而冲动：初涉爱河的人常常认为爱至高无上，把爱神圣起来，纯粹起来，根本不管其他因素。对于成年人来说，谈恋爱、找对象，爱情并不是唯一的因素，还有其他方面的考虑，比如一个人的综合素质、经济地位等，但是青少年在发生恋情时却对这一切毫不考虑。他们全凭自己的情感来左右自己的行为，经常感情用事，不考虑自己应注意什么，应遵守什么，应承担什么责任或义务，往往只顾眼前不管后果。只要对方在某些方面符合自己的要求，就会不顾一切，有的甚至一失足成千古恨！

（3）不稳定性：中学生是人生重要的成长时期，也是生理和心理急剧变化的时期。随着年龄的增长和社会阅历的增加，他们的理想、志趣、爱好、性格都会发生很大的变化。假如你在13岁时开始谈恋爱，那么离法定的结婚年龄还相差近10年，10年里还将发生多少不可预知的变化，而每一种变化都可能影响到爱情的巩固和发展。事实也表明，早恋往往有花无果，"永远爱你"常常是早恋时天真的幻想和美好的愿望！

中学生经济上尚未独立，生活还不能完全自立，生理和心理还没有真正成熟。如果迫不及待地谈恋爱，常常会酿出苦果。

（1）影响学习，磨灭理想。每个中学生都有远大的理想，都渴望成为社会的有用之材。如果过早开启爱情之门，必定分散学习精力，浪费大好时光，这无异于置远大前途而不顾。这种所谓爱情，极可能葬送青少年的前途，待到以后追悔莫及。

（2）影响身心，有害健康。由于中学生涉世不深、阅历不足，对社会缺乏足够的了解，以后伴随着心理上的变化、发展、成熟，可能会对对方产生不满，进而冷却或是中断彼此间的感情。这种情况，会引起青少年失望的情绪，使之消沉，甚至形成心理障碍。

（3）影响他人，亵渎爱情。就像我们喜欢一朵花儿，因为爱它，就会产生一种占有的欲望，把花儿从树上摘下来，促使它过早地凋零、枯萎，这时候爱就变成了一种伤害。当强烈的好奇心和感情上的冲动构成合力时，十分脆弱的理智防线就会被冲垮。往往会出现越轨过火行为，甚至造成不可弥补的损失。

中学生应该如何对待朦朦胧胧的感情呢？首先要用理智战胜情感，明确地告诉自己现在不是谈恋爱的最佳时机；其次，尝试着把爱情变成一种动力，让爱情激励自己好好学习，或者将爱恋变成友谊。那时，你就会明白，喜欢并不一定要以恋人的形式表达。把事情想得简单一点，把自己的视野放得高远一点，你就会拥有一片更加广阔的天空！

虽然谈恋爱的年龄早晚，并没有一个统一的标准，但我们还是敬告中学生不要过早开启爱情之门。